AF898493

Cría moderna de las lombrices
y utilización rentable del humus

A pesar de haber puesto el máximo cuidado en la redacción de esta obra, el autor o el editor no pueden en modo alguno responsabilizarse por las informaciones (fórmulas, recetas, técnicas, etc.) vertidas en el texto. Se aconseja, en el caso de problemas específicos —a menudo únicos— de cada lector en particular, que se consulte con una persona cualificada para obtener las informaciones más completas, más exactas y lo más actualizadas posible. EDITORIAL DE VECCHI, S. A. U.

Fotografías del interior y de la cubierta de Carme Farré Arana.

Ilustraciones del interior de Jesús Gracia Sánchez.

© Editorial De Vecchi, S. A. 2018
© [2018] Confidential Concepts International Ltd., Ireland
Subsidiary company of Confidential Concepts Inc, USA
ISBN: 978-1-64461-175-3

El Código Penal vigente dispone: «Será castigado con la pena de prisión de seis meses a dos años o de multa de seis a veinticuatro meses quien, con ánimo de lucro y en perjuicio de tercero, reproduzca, plagie, distribuya o comunique públicamente, en todo o en parte, una obra literaria, artística o científica, o su transformación, interpretación o ejecución artística fijada en cualquier tipo de soporte o comunicada a través de cualquier medio, sin la autorización de los titulares de los correspondientes derechos de propiedad intelectual o de sus cesionarios. La misma pena se impondrá a quien intencionadamente importe, exporte o almacene ejemplares de dichas obras o producciones o ejecuciones sin la referida autorización». (Artículo 270)

L. Compagnoni - G. Putzolu

CRÍA MODERNA DE LAS LOMBRICES Y UTILIZACIÓN RENTABLE DEL HUMUS

dve PUBLISHING

ÍNDICE

INTRODUCCIÓN

Son muchas las personas que han escrito sobre las lombrices y se han dedicado a estudiar su comportamiento y sus posibles aplicaciones. De todos los investigadores que han tratado la materia, sin duda el más famoso es Darwin.

Se han escrito asimismo muchas páginas contando las anécdotas que se han suscitado en torno a la lombriz, entre las cuales, por ejemplo, se cita el edicto de un faraón del Antiguo Egipto prohibiendo exportarlas del país bajo pena de muerte; la fertilidad del valle del Nilo, en efecto, se atribuía en gran parte a la lombriz.

En tiempos mucho más recientes, hacia 1947, el primer gran criador de lombrices fue, al parecer, Hugh Carter, primo del antiguo presidente de Estados Unidos. Otro gran criador, igualmente norteamericano, es Ronald Caddie senior, presidente de la sociedad más importante de cuantas se dedican en la actualidad a la cría y la comercialización de lombrices.

A estos y otros pioneros en el mismo campo les corresponde el mérito de haber sabido aplicar técnicas modernas de cultivo y, sobre todo, de haber visto en este animal una valiosísima ayuda para la recuperación de los materiales de desecho.

En nuestros días, el problema de los residuos en las sociedades industriales se está dejando sentir con particular intensidad. En España y en países americanos como Argentina, Brasil, Ecuador y Méjico, la cría de lombrices no comenzó a desarrollarse hasta hace veinte años aproximadamente. Pero, a pesar del retraso, se ha recuperado a gran velocidad el tiempo perdido y en la actualidad se están extendiendo las explotaciones de este tipo, debido a que la obtención de humus a partir del compostaje de materia orgánica permite mejorar la calidad de muchos suelos agrícolas o recuperar zonas degradadas, al mismo tiempo que evita la contaminación de las aguas que provocan los vertidos indiscriminados de materia orgánica. Es decir, con el proceso se consigue convertir un grave problema en un producto de elevada demanda. El mérito ha sido de los lumbricultores que, con su diligencia y su tesón, han sabido vencer el escepticismo, no siempre imparcial, que se manifestaba al respecto.

El extraordinario interés que ha suscitado el tema de las lombrices se debe a que estos invertebrados son unos formidables «procesadores» de excrementos animales y, en general, de materias orgánicas en descomposición, tanto vegetales como animales.

De ahí a pensar en la lombriz para reciclar o «digerir» los desechos sólidos urbanos hay un paso muy corto; al menos en teoría, ya que en la práctica las dificultades son numerosas. Se han realizado muchos experimentos en este sentido, casi todos con resultados positivos: la lombriz no presenta ninguna dificultad para procesar nuestros desechos; sin embargo, ante la posible aplicación práctica de este método, los problemas aparecen cuando se estudia la transformación de ingentes cantidades de desechos y basuras, ya que las inversiones económicas que entonces se precisan son, por lo general, bastante elevadas.

Una vez superado el entusiasmo que despertó al principio este nuevo tipo de actividad, y tras la inevitable confusión que le siguió, el tema de las lombrices se está planteando hoy día en términos mucho más realistas. Se está considerando la lombriz como lo que realmente es; se la estudia con más atención y se está intentando valorar objetivamente su verdadera capacidad productiva, para aprovechar del mejor modo las interesantes posibilidades que su cría ofrece.

Las personas que hoy se interesan por la lombriz ya no son simples curiosos, sino que desean saber, conocer, estar al corriente de lo que pueden hacer, quieren informarse sobre cuál podrá ser el desarrollo lógico y normal de su crianza, es decir, lo ven como una actividad rentable pero que exige una dedicación seria.

Es exactamente lo mismo que llevamos bastante tiempo repitiendo para evitar que la gente se entusiasme a la ligera, lo cual siempre es peligroso: la lombricultura es una actividad que hay que acometer con seriedad. La lombriz tiene exigencias muy precisas; es imprescindible conocerlas a fondo para poder aprovechar del mejor modo posible sus características en nuestro propio beneficio.

Igual que cualquier otro tipo de cría, la lombricultura presenta sus problemas, sus particularidades y sus secretos, fruto de una aplicación constante que, con el tiempo, se convierte en experiencia.

Por lo tanto, instalar un criadero y llevar a cabo una producción intensiva de lombrices es lo mismo que instalar cualquier otro tipo de explotación zootécnica: existen unos costes, unos plazos de gestión y unos plazos de producción, y hay que preocuparse también para hacer cuadrar las cuentas de la gestión económica.

El empresario que cree en esta actividad se interesa, sobre todo, por las diversas formas posibles de aplicación práctica de la lombriz, que son numerosas y todas ellas importantes.

Pero criar lombrices está al alcance de todo el mundo, es una actividad que se puede plantear a cualquier nivel, aunque es evidente que habrá que seguir criterios distintos en cada caso; no obstante, podemos anticipar que hay unas reglas constantes que deben cumplirse tanto si la lombricultura se realiza como simple afición como si se emprende el cultivo a nivel industrial.

Diez motivos válidos para emprender el cultivo de lombrices

El cultivo de lombrices es ventajoso por los motivos siguientes:

1. Nosotros decidimos el alcance de la inversión.

2. Se puede realizar en todos los terrenos, con indepencia de la situación, localidad, disposición o altitud. La lombriz puede vivir exactamente igual a 1.600 m de altitud que a cotas muy inferiores; lo que varía, lógicamente, es la producción.

3. Podemos fraccionar el cultivo, tanto en sentido cuantitativo, es decir, partiendo de pocas y aumentando progresivamente, como en lo referente a su ubicación, o sea, instalando distintos cultivos en varios lugares, según nuestras necesidades y posibilidades.

4. No hacen falta estructuras fijas, lo que eventualmente facilita posteriores traslados.

5. Tenemos la posibilidad de decidir libremente hasta dónde llegar y hasta qué punto ampliar, según nuestras fuerzas, nuestro tiempo y nuestra disponibilidad.

6. Podemos empezar cuando queramos, donde queramos y como queramos, incluso compaginando el cultivo con otra actividad profesional.

7. Los costes de instalación son decididamente bajos; lo mismo puede decirse de los costes de gestión; esto es posible gracias a las

técnicas que explicaremos, que se van actualizando y perfeccionando constantemente.

8. El capital se revaloriza solo y está gravado con muy pocos gastos.

9. No estamos obligados a tiempos ni horarios fijos de trabajo, lo cual nos permite cuidar el cultivo de modo muy distinto a como se debe cuidar y seguir cualquier otro tipo de explotación animal. En efecto, somos absolutamente libres de dedicarle un rato todos los días o bien un día a la semana, aunque el tiempo de dedicación necesario depende de la envergadura de la explotación.

10. La cría intensiva de lombrices y los productos que de ella se obtienen poseen numerosas aplicaciones en sectores tan distintos como la agricultura, el tratamiento de residuos, la cría de peces y anfibios y la pesca.

La instalación de un criadero de lombrices para la obtención de humus y su explotación comercial es relativamente sencilla y no requiere una gran inversión

El humus que se obtiene mejora la estructura del suelo y la capacidad de retención de agua; también aumenta su permeabilidad, tanto al agua como al aire. Además, aporta los nutrientes necesarios para el desarrollo de las plantas y restaura la actividad biológica del suelo

El producto por excelencia es el humus; una materia orgánica compostada de características insuperables y con una importante demanda en el mercado debido a sus aplicaciones en agricultura, horticultura y jardinería.

De hecho, la demanda de humus y de gusanos está experimentando un continuo aumento en todos los sectores, y cada día se encuentra una nueva aplicación para las lombrices. Son cada vez más las industrias que se interesan por estos gusanos; en unos casos, porque necesitan eliminar o transformar residuos; en otros, porque los usan como alimento para otros animales, es decir, los emplean en la producción de piensos. Sin embargo, para que ello sea posible es necesario ofrecer una gran producción, regular y constante, de pequeñas lombrices. Hay que tener en cuenta que, tanto los clientes que adquieren el humus como los que encargan lombrices necesitan importantes cantidades de producto y exigen, sobre todo, suministros continuos y asegurados.

GENERALIDADES SOBRE LA LOMBRIZ

LA LOMBRIZ

La lombriz es un Anélido perteneciente a la clase de los Oligoquetos y a la familia de los Lombrícidos, que comprende una decena de especies, todas de hábitos terrestres.

Los Oligoquetos, con numerosas especies, entre las que se cuenta la lombriz, constituyen la organización más desarrollada de los Anélidos.

Características

Algunos científicos subdividen las lombrices en dos grupos, las de color rojo y las de color gris.

De las más de 8.000 especies de lombrices, son pocas las que por sus cualidades tienen interés.

La lombriz de tierra europea *(Lumbricus terrestris)* está muy extendida en la actualidad por las regiones templadas de todo el mundo. En la figura que sigue podemos observar su morfología.

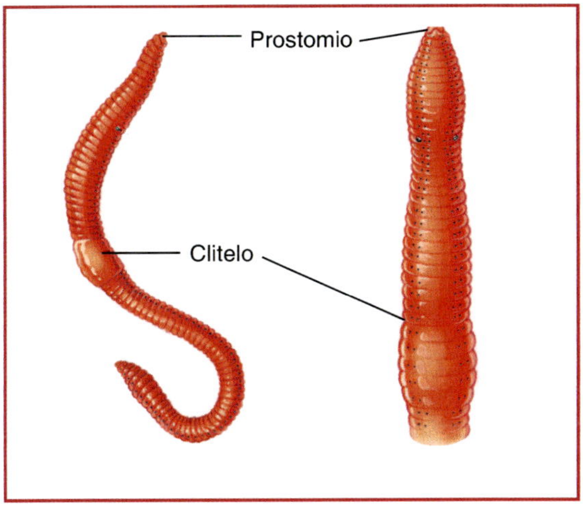

Morfología general de la lombriz de tierra común europea (Lumbricus terrestris). *Individuo entero y detalle en los que se observan el prostomio o lóbulo y el clitelo*

Las distintas especies de lombrices rojas son muy similares a primera vista, es necesario un análisis detallado y cierta experiencia para apreciar las diferencias. Nosotros nos centraremos esencialmente en un tipo de lombriz conocido comúnmente como «roja de California» o *Red worm*, que día tras día está demostrando ser la variedad más productiva y más fácil de introducir en los cultivos extensivos.

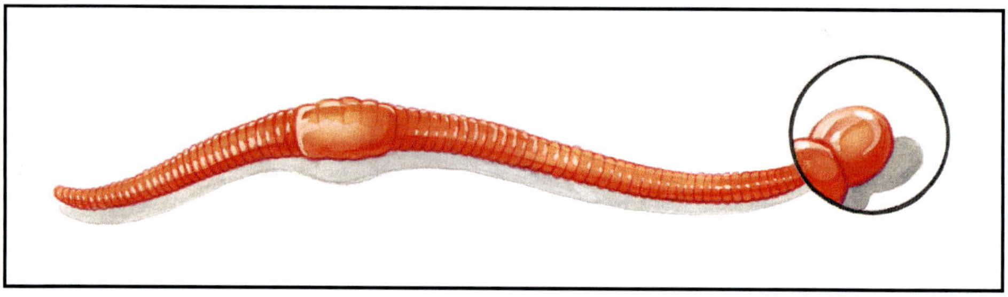

Tan sólo de la lombriz roja híbrida o lombriz roja de California es rentable su cría para la explotación comercial

La mayoría de las especies de lombrices que podemos encontrar normalmente en nuestros suelos no son apropiadas para establecer la cría intensiva, ya que es muy difícil mantenerlas vivas y mucho más crear una explotación rentable. Las más comunes son: la lombriz de tierra común europea *(Lumbricus terrestris)*, la lombriz roja *(Lumbricus rubellus)* y la lombriz del estiércol *(Eisenia foetida)*.

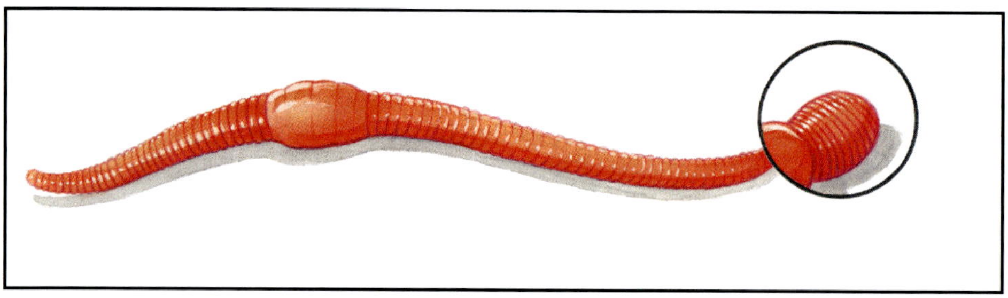

La Eisenia foetida *se denomina comúnmente lombriz del estiércol*

La *Lumbricus rubellus* o lombriz roja tiene las mismas características que la roja de California, pero es más difícil de criar en cautividad y mucho menos productiva.

Lombrices rojas de California sobre el estiércol que transforman en humus

La lombriz de la que trataremos en este libro, la lombriz roja de California, es un híbrido descubierto en California a principios de los años cincuenta, de un intenso color rosado, que puede alcanzar una edad de 16 años. Alcanza su madurez sexual entre el segundo y el tercer mes de vida y, a partir de entonces, produce aproximadamente cada 7-10 días una cápsula con un número de embriones que oscila entre 2 y 20, los cuales salen del capullo al cabo de dos o tres semanas.

La rapidez de su desarrollo es una de las ventajas que hacen de la lombriz roja de California la más rentable para la cría.

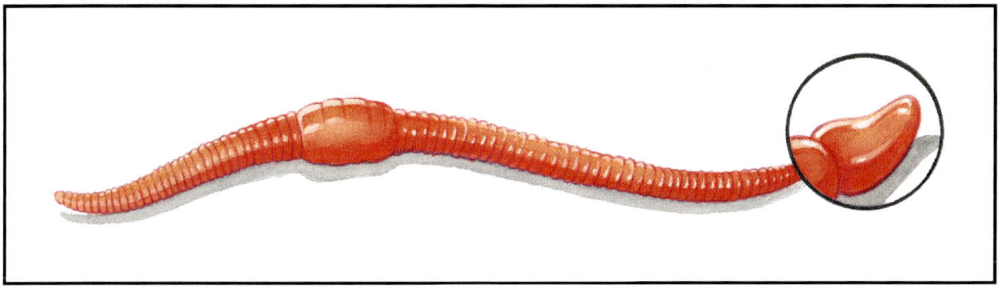

La lombriz roja recibe la denominación científica de Lumbricus rubellus. *Es una de las más comunes en los campos europeos*

Al salir del huevo, es prácticamente blanca y mide solamente 1 mm; al cabo de una semana, tiene una longitud de 7 mm, aunque sigue sin adoptar su pigmentación característica. Con dos semanas, la lombriz mide de 12 a 15 mm de largo y empieza a tomar un tono rosado.

La lombriz roja al salir del huevo, a la semana y a la segunda semana

A los tres meses ha alcanzado los 3 cm y su coloración es ya la definitiva, es decir, un rojo oscuro. Cuando llega a los 7 meses de vida, la lombriz mide entre 5 y 6 cm y alcanza la madurez sexual; mantendrá dicho tamaño hasta que muera, hacia los 16 años.

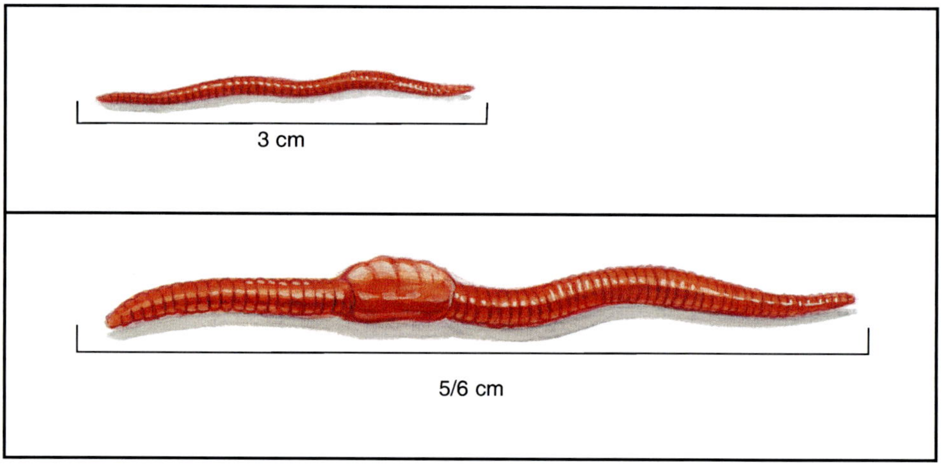

La lombriz roja a los 3 meses y con su tamaño definitivo, a partir de los 7 meses

Las lombrices rojas de California poseen un cuerpo cilíndrico, con los extremos afilados, que puede medir entre 5 y 10 cm de largo; tienen simetría bilateral y su cuerpo está dividido en numerosos segmentos o anillos, en un número que varía entre 80 y 120. Cada una de estas divisiones que se observan externamente se corresponden con las divisiones internas o segmentos relacionados con la *metamerización* interna; muchos de ellos son idénticos, pero en algunos puntos existen segmentos diferenciados relacionados con funciones especiales. En el extremo anterior se halla el *prostomio*, formando un lóbulo que rodea la cavidad bucal y seguido del primer anillo somático. En el prostomio se encuentran grupos de células sensoriales que pueden percibir el grado de acidez o alcalinidad del terreno así como los estímulos luminosos.

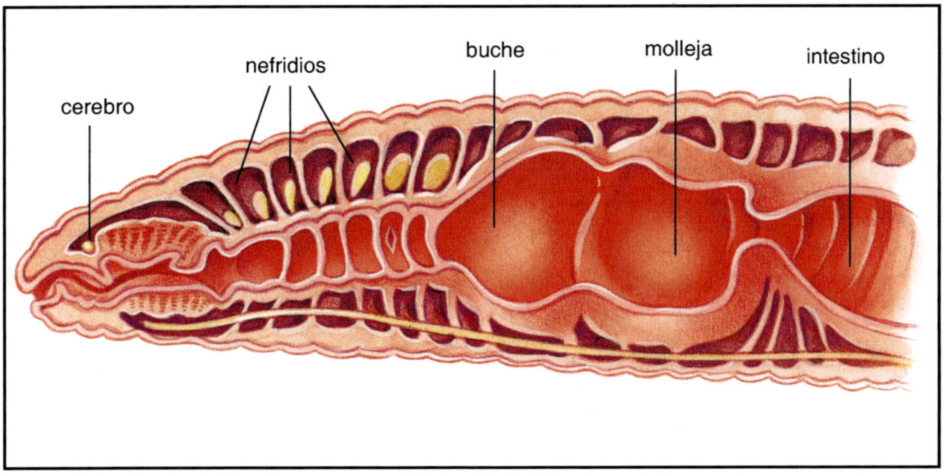

Sección longitudinal de una lombriz donde podemos observar el cerebro, algunos nefridios, el buche, la molleja y el intestino

La lombriz carece de órganos respiratorios específicos, pero su cuerpo se halla revestido por una fina cutícula que permite que el intercambio gaseoso se realice a través de la piel. La cara dorsal se encuentra más pigmentada que la cara ventral.

El aparato digestivo es rectilíneo y cruza todo el cuerpo longitudinalmente. En la parte anterior existen zonas diferenciadas como el buche y la molleja, esta última muy musculada; el intestino presenta de forma alterna constricciones anulares y dilataciones. Las lombrices absorben alimentos muy poco nutritivos e incluso absorbe la tierra para utilizar las partículas alimenticias que esta pueda contener. Aristóteles definió este animal como «el barrendero del mundo». Su función principal es la de transformar todas las proteínas de los restos vegetales, animales y sus excrementos en minerales que enriquecen el suelo (hay que tener en cuenta que los animales no asimilan, por lo general, más del 25-40 % de las proteínas ingeridas).

La lombriz es fotofóbica, es decir, huye de la luz; aunque carece de ojos, puede percibir la más leve luminosidad, y le molesta, si bien no le perjudica excesivamente.

El sistema vascular de la lombriz es un circuito cerrado, contiene un pigmento rojo y glóbulos blancos. Está formado por un vaso dorsal y un vaso ventral que recorren todo el cuerpo; el vaso dorsal presenta en cada segmento o *metámero* una dilatación contráctil que asegura la propulsión de la sangre, y a la altura del esófago los dos vasos se unen formando una serie de corazones laterales.

El aparato excretor está formado por un par de *nefridios* en cada segmento, que son unos simples tubos comunicados con el exterior cuyo cometido es eliminar los productos de desecho.

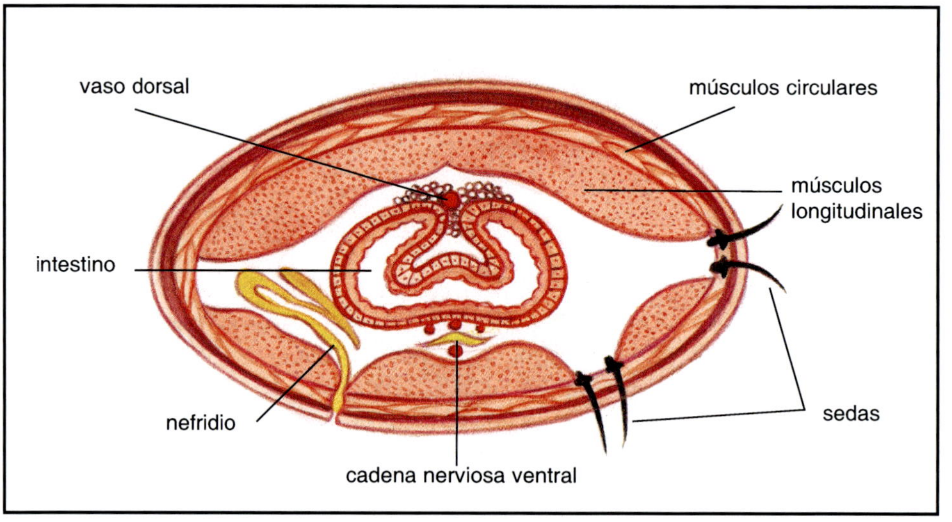

Sección transversal esquemática de un metámero de lombriz, donde se observa el intestino, los músculos circulares, los músculos longitudinales, el nefridio, la cadena nerviosa ventral, las sedas y el vaso dorsal

La pared del cuerpo de la lombriz posee varias capas externas (cutícula, epidermis y dermis) y, en su interior, tiene una capa externa de fibras musculares circulares y otra capa interna de fibras musculares longitudinales. La locomoción se realiza de una forma singular y característica: mientras un grupo de metámeros se alarga y se desplaza hacia delante, el grupo contiguo se dilata y se contrae, y así sucesivamente. En la locomoción del animal intervienen también las 8 sedas que hay en cada segmento, muy cortas y robustas.

El cuerpo de la lombriz, que es un animal de sangre fría, está constituido por un 70-80 % de agua; el resto, la materia seca, contiene hasta un 65 % de proteínas y aproximadamente un 10 % de grasas. La lombriz no puede ver pero posee un sentido del tacto muy desarrollado y un gran número de células sensoriales.

Reproducción

Las lombrices son hermafroditas, es decir, están dotadas de órganos sexuales masculinos (testículos) y femeninos (ovarios); pero son incapaces de autofecundarse, y se reproducen recíprocamente por fecundación cruzada. La cópula tiene lugar cuando la temperatura es adecuada y para ello las lombrices se disponen enlazando sus cuerpos

La lombriz roja de California es extraordinariamente prolífica y la que produce una mayor cantidad de humus. En la fase de expansión la población de lombrices se duplica cada tres meses

estrechamente, en posición invertida, de manera que queden en contacto las superficies ventrales y quedan pegadas por las secreciones de los *clitelos*. Durante el apareamiento se intercambian espermatozoos, los cuales no fertilizan inmediatamente las huevas sino que por un tiempo quedan depositados en unas envolturas viscosas, alojadas en una especie de faja translúcida situada a un tercio de la longitud del cuerpo, el *clitelo*.

Las huevas fecundadas, en número que varía entre 4 y 20, están contenidas en el interior de una cápsula que, en condiciones ambientales favorables, se abre al cabo de unas tres semanas. Estas huevas darán origen a las pequeñas lombrices, que son igual que las adultas, pero de color blanco y más pequeñas. Las crías van tomando un color rosado a partir del tercer día y alcanzan la madurez sexual al cabo de tres meses. A partir de entonces pueden aparearse con un intervalo mínimo de siete días entre un apareamiento y otro.

La lombriz vive, por término medio, 16 años. Un reproductor maduro puede producir, en un solo año, alrededor de 1.500 crías. Sobre la capacidad reproductora de las lombrices se han efectuado diversos experimentos cuyos resultados no siempre han coincidido, aunque casi todos han confirmado que la reproducción de estos animales es verdaderamente notable, como hemos podido comprobar por experiencia propia.

Las lombrices pueden vivir y reproducirse en cualquier ambiente con un mínimo de humedad, por lo que es fácil encontrarlas en casi todo el mundo; únicamente faltan en aquellas zonas donde el clima es excesivamente riguroso.

Los usos de la lombriz

Los usos más comunes que se le dan a la lombriz roja de California son: como cebo, para el reciclaje de residuos y para la obtención de humus.

Como cebo

El uso más tradicional y conocido de la lombriz es como cebo de pesca; de hecho, su cultivo se inició con esta finalidad.

El mercado de los pescadores ofrece excelentes perspectivas para los criadores de lombrices. No debemos olvidar que, entre aficionados y profesionales, constituyen un grupo muy numeroso; se habla de varios millones. Calculando un consumo anual de 1.000 lombrices por pescador, se podrían llegar a vender muchos millones al año.

La lombriz roja de California, la más utilizada en los criaderos, es uno de los cebos más solicitados, a pesar de que no es el más indicado para la pesca de la anguila, para la cual se necesita una carnada más grande, como la lombriz de tierra. Para el pescador es muy interesante poder cultivar personalmente las lombrices, ya que es la única forma de disponer siempre de este cebo, incluso en los meses de junio, julio y agosto, cuando es más difícil encontrar lombrices en los comercios.

Además, a diferencia de otros cebos tradicionales, que aun siendo eficaces se consideran contaminantes, la lombriz es un cebo «limpio».

Por otra parte, el famoso «cachorro» o «criador de gusanos», la larva de mosca carnaria, está prohibido en algunos lugares, lo que ha supuesto un aumento de las ventas de lombrices. Puesto que también está prohibido su uso en algunos países, de ellos nos llegan numerosos pedidos de lombrices para cebo.

A diferencia de la lombriz de estiércol *(Eisenia foetida)*, otra especie bastante solicitada como carnada, la carne de la lombriz roja de California no se desgarra en el anzuelo, ya que es mucho más recia, su olor no es desagradable y, sobre todo, tiene una gran vivacidad que atrae mucho la atención de los peces.

Para disponer de lombrices en todo momento, lo más conveniente es adquirir una «caja ecológica», que no es otra cosa que un pequeño criadero. Esta cajita se puede instalar indistintamente al aire libre o en un lugar cerrado, ya que no desprende malos olores. De ese modo, nunca faltarán las lombrices para poner en el anzuelo o para poblar el terreno, ni tampoco humus para abonar las flores, las hortalizas, las plantas de interior, etc. Para alimentar los gusanos se pueden aprovechar los desechos domésticos, toda clase de hierbas, hojas, papel, restos de verduras y frutas, residuos agrícolas, etc. Lo más importante es que la comida esté muy húmeda, puesto que las lombrices no mastican sino que chupan.

La caja ecológica, un pequeño criadero doméstico de lombrices

Sobre la posibilidad de instalar un pequeño vivero, y la utilidad que puede tener para los pescadores, transcribimos lo que afirma Klaus Schmidt en *El gran libro de los cebos naturales*:

«Los gusanos rojos se encuentran entre los cebos más comunes, y son los más apreciados por todo tipo de peces, predadores y no predadores. Para la anguila son los mejores cebos que existen. Para los Salmónidos, que los aceptan igualmente con agrado, no se debería utilizar nunca esta carnada (que además suele estar prohibida), puesto que la comen con gran avidez, casi siempre mueren. También pican al gusano los lucios de pequeña talla, igual que las truchas. Por lo que respecta a los métodos de pesca, los gusanos rojos se montan generalmente con una boyita ligera o media, casi siempre sin lastrar, en las proximidades del fondo, ya que con sus movimientos vivaces, el animal, boyando libremente, logra atraer más la atención del pez que el cebo que yace en el fondo.

»Se ponen en anzuelos de brazo largo, de una medida de 8-10, y los procedimientos pueden ser muy diversos. El más conocido, aunque no siempre sea el mejor, es en forma de abanico, que se obtiene enfilando el anzuelo varias veces. Este sistema se emplea sobre todo para los peces de boca grande, como el cacho y la perca (al que le gusta arrancar las partes del gusano que cuelgan del anzuelo).

»Para pescar la tenca, en cambio, da buenos resultados introducir el anzuelo en la extremidad cefálica del gusano. A la tenca le gusta especialmente "jugar" durante un buen rato con el cebo, y le estorbaría encontrarse con el anzuelo. Para este tipo de montaje se requiere un flotador tarado con mucha precisión; hay que recuperar cuando se tiene la seguridad de que el pez se está alejando. Lo mismo puede decirse para montar a la "inglesa", enfilando el anzuelo por el centro del gusano de forma que este, con su cuerpo, esconda el brazo de aquel. En verano, se puede capturar fácilmente la tenca con caña larga, sin flotador y sin lastre, apoyando un gusano rojo sobre una hoja de nenúfar y haciéndolo descender lentamente de allí al agua.

»En la pesca de barbos, con plomo en el fondo, se emplean mucho dos gusanos rojos con un anzuelo del número 6, utilizando l *montaje steward* ("montaje en pantalón"): se enfila el primer gusano por un tercio de su longitud, empujádolo hacia arriba, hasta el final, y el segundo gusano se coloca en el brazo del anzuelo, cuya punta se enfila todavía en el primer gusano. En Inglaterra, en los últimos años, se ha popularizado el "cóctel de cebos": gusano rojo en el brazo del anzuelo y larva o crisálida en la punta. Con este cebo se pueden capturar al mismo tiempo peces que prefieren el gusano y peces que van a por las larvas.»

En la naturaleza los peces, tanto los de río como los de mar, se alimentan de lombrices. Por lo tanto, para los pequeños peces de los cultivos, igual que para los de los acuarios ornamentales, estos gusanos constituyen una comida natural y muy rica en proteínas.

Otra aplicación posible de las lombrices, que es secundaria si se quiere, aunque no por ello deja de tener su importancia, es la que ha conseguido resolver el problema de la mortalidad de las pequeñas anguilas en los primeros meses de vida: como se sabe, las anguilas son carnívoras, y no les apetece demasiado comer los piensos que se les administra, aunque estén bien dosificados; en cambio, ingieren con gran voracidad las lombrices en movimiento. Efectivamente los gusanos, aunque estén cortados en trocitos pequeños, continúan moviéndose, y además constituyen una comida ideal para todos los peces carnívoros. Las lombrices constituyen también una verdadera golosina para las gallináceas y los pájaros en general, por eso van en su busca continuamente. Diversas pruebas efectuadas en granjas de pollos han servido para demostrar que mezclando lombrices en los piensos tradicionales la mortalidad de estos animales, siendo al principio la que se considera normal en este tipo de explotaciones avícolas, se rebaja sensiblemente.

En la industria de piensos, igual que en otros sectores, se están llevando a cabo importantes investigaciones que tienen por objeto, precisamente, la incorporación de lombrices, o de harina de lombrices, que es altamente proteica, en la alimentación de peces, pollos, pájaros, perros, gatos, etc.

Es fácil vaticinar que estos mercados, en un futuro próximo, crearán una importantísima demanda de lombrices, y estarán en condiciones de absorber grandes cantidades.

El reciclaje de residuos

Se puede utilizar también la lombriz para el reciclaje de residuos de cualquier tipo provenientes de materiales de origen orgánico biodegradables, como los desechos sólidos urbanos, los barros de las depuradoras de agua, el follaje, los residuos de fábricas de papel, de la industria cervecera, de comedores o de las industrias alimentarias en general.

La lombriz transforma todos estos materiales orgánicos en sustancias minerales, con grandes ventajas de tipo económico, haciéndolas almacenables y comercializables.

Después de haber usado para nuestras necesidades todo aquello que la tierra nos ofrece, aprovechando la positiva acción de las lombrices podemos devolverle todas las materias que nos ha proporcionado, de nuevo en forma de minerales, a punto para incorporarse otra vez al ciclo biológico natural, que es perfecto y completo y que el hombre va alterando cada día más y de todas las formas imaginables.

La transformación por las lombrices de los residuos orgánicos urbanos evita que los líquidos residuales contaminen las cuencas hidrográficas

En todas las ciudades del globo existe todavía un problema por resolver, el de la eliminación o el reciclaje de los desechos. Examinaremos brevemente los distintos sistemas que se utilizan en la actualidad para eliminarlos.

Hornos incineradores

Muy utilizado hasta hace pocos años, actualmente se está abandonando debido a los muchos problemas que han surgido y que se han agudizado en los últimos tiempos. Veamos algunos.

Los *costes de gestión* son muy elevados. Aunque es verdad que una parte de los desechos se quema por autocombustión, no es menos cierto que se necesita una gran cantidad de calor para eliminar la mayor parte de los residuos, sin contar los altos costes de manutención de las plantas incineradoras, que son instalaciones sujetas a un fuerte desgaste.

Las *cenizas* constituyen ahora un problema añadido que hasta hace unos años no existía.

Tampoco se ha logrado resolver aún el dilema de los *barros derivados de las depuradoras de agua*, que es prácticamente imposible quemar.

Por otro lado hay que tener en cuenta la cuestión de la *contaminación atmosférica*, que ha obligado a usar filtros cada vez más complejos para el tratamiento de las partículas de humo y de gases tóxicos.

A pesar de todo, consideramos que el problema más importante radica en la pérdida que supone la destrucción de estos materiales, que constituyen una valiosa riqueza que deberíamos intentar reutilizar.

Instalaciones de compostaje

Con las instalaciones de compostaje se ha resuelto en parte la cuestión, por cuanto se está empezando a recuperar varios materiales, como por ejemplo el papel, el metal, el vidrio y el plástico, lográndose obtener una materia orgánica (alrededor del 40 %) bastante limpia y dispuesta para ser transformada en excelente abono.

Las pruebas en el sector del compostaje se siguen atentamente en toda Europa; hay investigadores que trabajan en este campo en varios países.

También se realizan estudios en países de Oriente Medio a los que se les plantea un doble problema: por un lado, destruir los desechos de las grandes ciudades y, por otro, detener el continuo avance del desierto, que solamente se puede impedir mejorando el terreno mediante aportaciones masivas de tierrra fértil (humus). Para solucionar estas dificultades se han movilizado grandes recursos que se dedican a investigación y desarrollo.

Las pruebas realizadas hasta ahora han dado excelentes resultados; el humus obtenido de los desechos mediante lombrices es de características similares al que se produce con estiércol bovino o mixto, lo cual supone un éxito incuestionable.

Por lo demás, son bien conocidos los conflictos que plantean los métodos que actualmente se emplean para destruir otros tipos de desechos como el estiércol animal procedente de establecimientos zootécnicos, que a pesar de ser un material valioso constituye un grave problema en lo que respecta a su eliminación.

Hemos de pensar en su reutilización, no en su destrucción; la tierra no puede estar dando continuamente óptimos productos si nosotros, después de haberlos utilizado, no se los devolvemos.

Ahora sabemos que, en la actualidad, en los grandes cultivos agrícolas no sería posible obtener ninguna producción sin emplear grandes cantidades de abonos químicos, pero todavía más grave es el uso masivo de herbicidas, pesticidas y anticriptogámicos cada vez más potentes y, lógicamente, cada vez más perjudiciales también para la salud del hombre.

Todo ello origina el empobrecimiento de los suelos, que quedan despojados de sus reservas naturales de defensa y sin que el uso de los pesticidas, como es fácil suponer, sirva para revitalizarlos. El retorno a un ciclo biológico completo y natural debería ser un objetivo a corto plazo, antes de que los daños causados sean irreversibles.

En tiempos pasados, la tierra se cultivaba de una forma más ecológica; se utilizaban todos los componentes orgánicos de los productos de desecho para restituir al suelo una parte importante de lo que se extraía.

En la actualidad, el ciclo se ha interrumpido y el agricultor emplea los abonos minerales, mucho más potentes pero también mucho más peligrosos, carentes de materia orgánica, que explotan al máximo el terreno; el agricultor produce alimentos: granos, maíz, etc., que sirven para la fabricación de piensos, los cuales se emplean, a su vez,

El estiércol es un material muy valioso para la agricultura porque favorece la fertilidad de los suelos

oportunamente completados con vitaminas, para alimentar las grandes explotaciones zootécnicas, en las que se crían con sistemas modernos y racionales los animales que sirven para nuestra alimentación. Los excrementos de estos establecimientos, que constituyen un gran problema, ya no se utilizarán después para devolverlos a los terrenos de cultivo, como se venía haciendo durante miles de años. Esto se debe, unas veces, a la distancia, y otras, a las dificultades de manipulación, a pesar de que estos materiales son indispensables para mantener la buena salud del suelo.

En China, todo el estiércol, incluso las deyecciones humanas, se consideran un material precioso para enriquecer el terreno.

Con ayuda de las lombrices podemos resolver una parte de los problemas que ocasiona la acumulación de todos estos residuos, tanto por la simplicidad y la facilidad de las instalaciones como por la posibilidad de aplicarlas en cualquier campo por sus dimensiones.

El producto obtenido, el humus (abono de lombriz, mantillo o compost de gusanos), es un humus inmejorable, estabilizado, inodoro, fácilmente almacenable y transportable a cualquier parte.

Por lo tanto, no nos cansaremos de insistir en la validez de este sistema para la recuperación de materiales orgánicos, el cual, además de sus indudables ventajas prácticas, respeta escrupulosamente las leyes ecológicas establecidas por la naturaleza.

EL CULTIVO DE LOMBRICES

EL CRIADERO

Como ocurre en cualquier actividad productiva, para instalar un criadero de lombrices es preciso atenerse a algunas reglas básicas. Conociéndolas y aplicándolas podremos criar nuestros gusanos en cualquier parte sin demasiados problemas.

La lombriz vive en *lechos* o cúmulos, de estiércol o de restos vegetales y animales, que constituyen su casa y su alimento al mismo tiempo. Es evidente, por lo tanto, que habrá que poner mucha atención en cómo se disponen estos lechos, tarea que constituye la primera fase y la más importante de toda la implantación de la cría intensiva.

Conviene ubicar las instalaciones al aire libre en zonas de clima suave que permitan una producción constante a lo largo de todo el año

Basándonos en nuestra experiencia, podemos afirmar que el mejor sistema consiste en el cultivo al aire libre, en lechos colocados directamente sobre el terreno, ni estructuras de ningún tipo, del modo más sencillo y menos costoso. Instaladas en estos lechos, que pueden tener diferentes dimensiones según lo requiera la comodidad y las características del terreno, las lombrices se encuentran en su medio natural.

La instalación puede ubicarse en cualquier tipo de terreno, puesto que la lombriz posee al respecto exigencias específicas; los lechos se pueden emplazar en una montaña, cerca de algún vertedero, junto a granjas de animales, en el bosque, a orillas del mar, etc.

Para lograr una correcta instalación, habrá que tener en cuenta los inconvenientes que eventualmente pueden presentarse al aire libre.

La temperatura es un factor que condiciona el ritmo biológico de la lombriz de tierra y por lo tanto es muy importante para asegurar una producción continuada de humus. Las lombrices soportan un intervalo de temperaturas que oscila entre los 0 °C y los 41 °C, por lo tanto pueden criarse a la intemperie en cualquier región de clima templado. Las temperaturas muy altas provocan lesiones irreversibles en las lombrices. Las temperaturas bajas frenan y detienen la actividad de las lombrices y por lo tanto reducen la productividad anual. A temperaturas inferiores a los 14 °C la reproducción disminuye y a los 7 °C las lombrices dejan de reproducirse y se hallan menos activas, por lo que también disminuye la producción de humus. La temperatura óptima para que las lombrices desarrollen su actividad se encuentra alrededor de los 20 °C.

La humedad es otro factor ambiental del que depende directamente la supervivencia de las lombrices. El substrato debe tener una humedad del 80 % para que las lombrices puedan llevar a cabo sus funciones vitales correctamente. La pared del cuerpo de las lombrices está formada por una cutícula, una epidermis y una dermis. La epidermis está compuesta por una sola capa de células, muchas de las cuales en realidad son glándulas que segregan substancias mucoides que recubren constantemente el cuerpo de la lombriz. Hay que tener en cuenta que las lombrices realizan el intercambio gaseoso con el exterior a través de la superficie de su cuerpo, ya que no poseen órganos respiratorios especializados.

Otro factor que debe tenerse en consideración es el pH del substrato, es decir, la materia orgánica ligeramente descompuesta que las lombrices transformarán en un mantillo de gran calidad y que puede ser utilizado inmediatamente para fertilizar el suelo. Esta materia orgánica aportada no debe ser ni demasiado ácida ni demasiado alcalina ya que las lombrices no pueden vivir en medios de vida con valores de pH extremos. Estos valores, por lo tanto, deben oscilar entre 6,2 y 7,8, es decir, alrededor de 7, que corresponde a un pH neutro.

El lecho de los cultivos ha de mantenerse siempre húmedo, pero hay que tener la completa seguridad de que, en caso de lluvias abundantes, no se estancará el agua, utilizando para ello el método de drenaje que se considere más adecuado.

Es necesario regarlos en los periodos estivales, durante las épocas de más sequía y calor; si no hay posibilidad de obtener el agua de

Sobre una lona

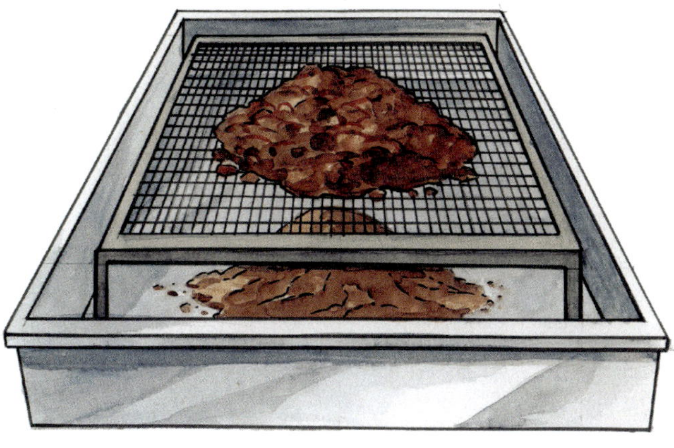

En una cajonera

En las instalaciones domésticas la criba se realiza de forma manual

Los lechos se numeran o codifican para mantener su identificación y conseguir un mayor control de la producción

fuentes o conducciones podemos usar la de lluvia, almacenándola en estanques, en bidones o en depósitos; también puede servir una alberca o una fosa excavada en el terreno. La determinación del lugar queda a elección de cada uno; tan sólo es conveniente que las instalaciones puedan emplazarse en un terreno llano, obviamente con motivo de facilitar las labores.

Se puede comenzar gradualmente, por etapas, en cuyo caso no hace falta disponer de muchos medios: una carretilla, una horca, una manguera para el riego y un tamiz para cribar el humus.

Este equipo básico es suficiente para trabajar una instalación que cubra una superficie de hasta 2.000 m^2, y para mantenerlo sólo es necesaria una persona.

A medida que se vaya ampliando la explotación se podrá pensar en la adquisición de un tractor equipado para extender el estiércol, un equipo de riego, una máquina tamizadora para refinar el humus, etc., todo esto siempre en relación con las exigencias específicas del cultivo.

La humedad es otro de los factores limitadores para la cría de lombrices; hay que instalar un sistema de riego que garantice los niveles de humedad óptimos para el desarrollo de las lombrices

Los ciclos del cultivo

Se puede considerar que la cría de lombrices se divide en cuatro fases:

— instalación general del cultivo, preparación e incorporación de las lombrices;
— alimentación regular tres veces al mes, pudiendo reajustar este ritmo en función de las características del cultivo y de la producción que se quiera obtener; riegos periódicos;
— división de los lechos cada tres meses y cada vez que sea necesario;
— recogida del humus una o dos veces al año, según la orientación que se quiera dar a la producción.

Los puntos principales que se han de valorar antes de emprender esta actividad pueden concretarse en dos aspectos:

— disponibilidad financiera (capital necesario para la inversión);
— espacio disponible (terreno).

Considerando que no hay que ajustarse a ningún tipo de condiciones fijas como estructuras, locales, etc., se aconseja limitar el cultivo a la medida de las propias posibilidades, teniendo en cuenta los objetivos que se pretenda alcanzar.

Los diferentes tipos de instalaciones

Veamos ahora brevemente algunos tipos de instalaciones que se utilizan para los cultivos de lombrices.

Cajones

Este método de cría se ha usado mucho en el pasado, pero tiene la desventaja de que el coste inicial es muy elevado, sin que en realidad se vea compensado por un aumento paralelo de la producción.

Fosos enterrados

Lo mismo que hemos dicho de los cajones puede aplicarse a los fosos enterrados, en cuya preparación debe intervenir una excavadora; además, hay que tener en cuenta los costes de preparación del fondo con arena o guijarros para el drenaje del agua y los de modificación del terreno.

Ladrillos

También unos simples ladrillos como los que se emplean corrientemente en la construcción suponen un dinero que nos podemos ahorrar perfectamente, puesto que tan sólo cumplen una función estética y en cambio no suponen ningún aumento en la producción.

Cultivos en construcciones cubiertas

Si disponemos de espacios cubiertos podemos aprovecharlos empleando cajones apilables de plástico, de madera o de hierro, que nos permitirán desarrollar el criadero en altura. Pero el problema, en este caso, estriba en que habrá que desplazar los cajones para distribuir regularmente la alimentación como mínimo dos veces al mes, para controlar los gases, los riegos, etc.

No olvidemos que las lombrices, si tienen a su disposición el alimento apropiado, bien dosificado y mezclado, buenas condiciones de humedad (70-85 %) y de temperatura (20-25 %), trabajan de forma ininterrumpida 24 horas al día durante 12 meses al año.

Cultivo en invernáculo o túnel

El criadero de lombrices puede ubicarse también en un invernáculo, a condición de que esté bien revestido para proteger los gusanos del frío intenso y del calor estival, y que disponga de buena ventilación. Todo esto, en cualquier caso, grava la instalación con unos costes iniciales; lo mismo puede afirmarse, con más razón, de los túneles de plástico, que durante el invierno resguardan poco los cultivos del frío y en verano tampoco los protegen del sofocante calor.

Hay que tener en cuenta que la lombriz, en condiciones adversas, se limitará a sobrevivir, pero no producirá ni se reproducirá.

El lecho

Como ya se ha visto, el lecho lo es todo para la lombriz y hay que prestarle gran atención.

Con el terreno limpio y despejado podemos proceder al montaje propiamente dicho de la instalación. Contra los topos es muy eficaz una red metálica de malla estrecha, no más de 1 cm. En numerosos criaderos, sin embargo, se utiliza una lona especial que da resultados excelentes por los siguientes motivos:

— tiene un coste muy bajo;
— es fácil de instalar;
— aísla perfectamente los lechos del suelo;
— no deja crecer la hierba en los bordes, con lo que se elimina un problema que tiene su importancia y además los consiguientes costes de limpieza.

En este punto, después de haber extendido la lona aislante o cualquier otro medio que resulte adecuado para defender las lombrices de los topos, se procede a su incorporación, colocando directamente sobre la lona los reproductores y a continuación distribuyendo una primera capa de estiércol sobre ellos.

Es necesario efectuar un buen riego después de la administración del alimento.

Los laterales del lecho están formados por una malla resistente

Conducción y cuidados

La cría de lombrices es un tipo de cultivo que necesita muy pocos cuidados si se ha instalado bien; es, con mucho, bastante más fácil de conducir que cualquier otro tipo de explotación animal, crea poquísimos problemas y no exige una presencia constante. En efecto, es muy fácil, pero esto no quiere decir que la lombriz no requiera cuidados; no debemos olvidar que se trata de un ser vivo y, como cualquier animal, reclama cierta dedicación y tiene exigencias muy precisas, aunque estas sean menores que las presentes en criaderos de otro tipo. Si cuidamos la alimentación con pequeños controles periódicos, la lombriz cumple su cometido a la perfección.

El mantenimiento de los lechos una vez instalados es sencillo

La división o desdoblamiento

Como en todos los criaderos, hay un momento en que se debe proceder a una división o, más exactamente, a un desdoblamiento, para mantener siempre la población de los lechos en óptimas condiciones.

También puede ser necesario partirlos para llegar a tener el número previsto de cultivos, salvo que hayamos decidido obtener una mayor producción de humus, en cuyo caso se puede mantener constante el número de lechos.

La recogida del humus

Debemos tener en cuenta ante todo que el humus se puede recoger cada 6 o 12 meses.

El humus es uno de los productos que se obtiene de la cría de lombrices, acaso el más importante de todos. No es otra cosa que las deyecciones que los gusanos dejan en el lecho después de haber ingerido y transformado los desechos orgánicos que constituyen su alimento.

Se presenta como un mantillo oscuro, ligero, suave y poroso que se disgrega muy fácilmente y es inodoro, aparte de un agradable aroma que

Antes de extraer el humus se retira la capa superior, donde están acumuladas las lombrices

El humus deber someterse a un proceso de secado antes de ser cribado

recuerda la tierra húmeda del bosque. Posee, en efecto, una gran capacidad para retener la humedad, y hace crecer frondosamente, incluso en condiciones adversas, las hortalizas, las flores y toda clase de plantas.

Para no tener que manipular con demasiada frecuencia los lechos, lo que significa molestar a los gusanos en su incesante labor de transformación y producción, es conveniente recogerlo aprovechando el momento en que se efectúa la división o al despoblar un lecho. En cualquier caso, se procede a la recogida cada seis meses o una vez al año más o menos; no es aconsejable hacerlo más a menudo.

Antes de extraer el humus hay que apartar momentáneamente la capa superior, ya que es allí donde se concentra el mayor número de lombrices, y dejarla provisionalmente en otro lugar. Después de esta operación se podrá recoger lo que queda del lecho, dejarlo secar y cribarlo con un tamiz.

El humus de los estratos laterales estará más seco y por lo tanto se podrá tamizar y ensacar inmediatamente. El que está más húmedo habrá que extenderlo y dejarlo expuesto al aire y al sol por unos días, hasta que el grado de humedad haya descendido al 50 % aproximadamente; después se tamizará y se procederá al envasado.

Si se comercializa en cantidades pequeñas, tendrá que tamizarse muy fino; si es para abonar huertos y jardines, en cambio, no será necesario tamizarlo tanto.

El material sobrante, después de haber extraído el humus, se volverá a utlizar en el lecho como alimento para los gusanos.

El humus de lombriz se suele envasar en sacos de plástico, en los que hay que practicar pequeños agujeros para que la microflora bacteriana y los microorganismos, que desempeñan una función primordial y se encuentran en grandes cantidades, puedan sobrevivir todo el tiempo que el material esté almacenado sin que se produzcan en él alteraciones de ningún tipo.

Por esta particularidad, y también por sus características intrínsecas, el humus es un producto fácilmente comercializable y muy válido para todo tipo de plantas y cultivos, a pesar de que se obtiene de materiales de desecho, aquellos que constituyen uno de los problemas de la ecología mundial.

Precisamente por ello, incluso nos atrevemos a sugerir que se podría implantar en cada casa un minicultivo de lombrices, que sería suficiente para eliminar los desechos domésticos y obtener de forma gratuita un fertilizante óptimo y completamente natural.

Quien decida dedicarse a cultivar lombrices lo primero que tiene que hacer es conseguir las lombrices apropiadas.

Hoy en día la única que se utiliza en los cultivos intensivos es la lombriz roja de California.

Este humus está ya seco, pero aún no ha pasado por la criba que eliminará los grumos

Para eliminar los grumos es conveniente cribar el humus. En las instalaciones medianas y grandes la criba se realiza mecánicamente

Este tipo de lombriz se ha habituado durante generaciones y generaciones a vivir en cautividad, por lo que ha perdido en gran parte sus instintos naturales y se adapta perfectamente a vivir en los lechos de cultivo.

En un terreno normal la densidad media de lombrices es aproximadamente de 50 por metro cuadrado, mientras que en un cultivo se alcanza una densidad de hasta 40.000 individuos.

La lombriz tiene también la propiedad de desodorar los desechos entre los que vive.

Para que la evolución del cultivo se desarrolle con completa normalidad hay que tener en cuenta una serie de pequeños detalles que pueden ser determinantes para el éxito o el fracaso del criadero.

La alimentación, por ejemplo, requiere una atención particular; los alimentos, materia orgánica procedente de residuos o estiércol, deben haber sufrido una primera fermentación, caracterizada por la producción de calor y gas metano que podrían causar graves daños a las lombrices, que por el hecho de respirar a través de la piel están muy expuestas a perecer por asfixia.

Por otra parte, si no encuentran la alimentación siempre a punto, al no poder disponer de comida inmediata, escapan del lecho.

El estiércol de vaca es unos de los más recomendados para utilizar como alimento de las lombrices rojas de California. Una vez ha sufrido la primera fermentación, se puede extender en los lechos

Algunos consejos para el principiante

Ante todo, nuestra intención es despertar el interés de la gente hacia el cultivo de lombrices, para que aprecie la enorme utilidad que pueden llegar a tener estos animales.

Nuestro principal objetivo es que, con el tiempo, podamos encontrar una cantidad cada vez mayor de aplicaciones para este tipo de instalaciones, de manera que todo el material posible se transforme en humus de la mejor calidad.

El principiante que desea iniciarse en esta actividad debería visitar un cultivo en funcionamiento.

Nosotros aconsejamos a todo aquel que se interese por esta actividad que acuda a un criadero que tenga cierta experiencia en el cultivo, es decir, que le ofrezca suficientes garantías de conocer a fondo las características de este tipo de instala-ciones.

Criar lombrices es algo más que una afición sencilla y entretenida; como cualquier otra actividad, requiere cierto esfuerzo, y tiene sus ventajas y sus inconvenientes, que cada uno ha de saber valorar teniendo en cuenta las propias perspectivas y posibilidades.

En cualquier caso, de todos los tipos de granjas y criaderos de animales, el cultivo de lombrices es sin lugar a dudas el que origina menos costes, inversiones y problemas; es una tarea agradable, que ofrecerá nuevas y amplias perspectivas a quienes decidan dedicarse seriamente a ello.

No hay que esperar, sin embargo, que la lombriz lo haga todo ella sola; aunque parezca extraño, muchos cultivos andan mal precisamente por esta causa, y no se puede exigir demasiado ni precipitarse para obtener los frutos antes de tiempo, cuando en muchos casos la gestión puede no haber sido quizá la más adecuada. Toda actividad tiene sus problemas, sean pocos o sean muchos.

En el caso de la lombriz los problemas son pocos, pero hay que prestarle atención y dedicarle los cuidados necesarios.

Montar un cultivo de este tipo en las condiciones que sugerimos en este libro es una posibilidad de desarrollar un trabajo rentable, muy interesante para aquellas personas dedicadas a una profesión que les deja tiempo libre y también para personas ya retiradas de su actividad profesional.

La etapa inicial del cultivo es muy importante. Tal como hemos indicado antes, conviene consultar a un cultivador en activo que conozca bien su oficio, exponerle todas las preguntas que se considere oportuno, y después seguir sus consejos al pie de la letra e ir confrontándolos con la propia experiencia.

Para empezar a cultivar lombrices no hace falta haberse dedicado antes a alguna otra actividad agrícola: cuidando los lechos como es debido y procurando resolver todos los problemas que se presentan se irá adquiriendo poco a poco la experiencia necesaria.

Por lo que respecta a la productividad de las lombrices, hay que tener en cuenta que de cada lecho se pueden extraer mensualmente de 8.000 a 10.000 gusanos de talla media.

De este modo se mantiene constante el número de lombrices en los lechos: unas 100.000 unidades.

En cuanto a la producción de humus por cada lecho se calcula anualmente en unos 600 kg de dicho material.

En la tabla siguiente se indica la producción media durante el primer año de un cultivo iniciado con un solo lecho.

PROGRAMA PARA INICIAR UN CULTIVO DE LOMBRICES CON UN SOLO LECHO, EQUIVALENTE A 100.000 GUSANOS

Meses	*Número de lechos*	*Espacio ocupado por los lechos (m^2)*	*Cantidad de lombrices*	*Alimentación mensual (kg)*	*Producción anual de humus (kg)*	*Horas de dedicación a la semana*
Marzo	1	2	100.000	100		1/2
Abril	1	2	100.000	100		1/2
Mayo	1	2	100.000	100		1/2
División de los lechos						
Junio	2	4	200.000	200		1
Julio	2	4	200.000	200		1
Agosto	2	4	200.000	200		1
División de los lechos						
Septiembre	4	8	400.000	400		1 1/2
Octubre	4	8	400.000	400		1 1/2
Noviembre	4	8	400.000	400	1.000	1 1/2

División de los lechos y preparación para invernar, en el mes de diciembre.
No hará falta alimentar las lombrices hasta el próximo febrero o marzo.

Cálculo de costes para iniciar un cultivo de lombrices

Adquisición de los materiales, maquinaria y materias primas

— Adquisición de las lombrices;
— lona antitopos o similar;
— carretilla, horca, manguera, rastrillos, palas, termómetro, medidor de humedad, medidor del pH;
— el terreno sólo se incluye como inversión si hay que adquirirlo, pero hay que tener en cuenta su valor en la cuenta de explotación;
— la adquisición de un tractor sólo hay que presupuestarla para grandes instalaciones;
— trituradora para desmenuzar el humus;
— cribadora para tamizar el humus;
— envasadora y selladora de sacos de plástico.

Costes de gestión

— Adquisición estiércol (11.000 ptas. Tm, con transporte incluido);
— mano de obra;
— agua.

Producción

— Lombrices: unas 50.000 unidades al año por m^2;
— humus: unas 300 kg al año por m^2.

Precios (bruto)

— Lombriz: 10 pesetas por unidad;
— humus al por mayor: 6 pesetas por kg (en la planta de producción, sin carga ni transporte incluidos);
— humus al por menor: 45 pesetas por kg (ensacado).

Para una inversión de 500.000 pesetas

— Terreno necesario: 100 m2.
— cantidad inicial de lombrices: 180.000 pesetas;
— tiempo necesario para cuidar el cultivo: una persona, 4 horas a la semana.

Para una inversión de 1.000.000 de pesetas

— Terreno necesario: 200 m^2;
— cantidad inicial de lombrices: 430.000 pesetas;
— tiempo necesario para cuidar el cultivo: una persona, 8 horas a la semana.

Para una inversión de 2.000.000 de pesetas

— Terreno necesario: 500 m^2;
— cantidad inicial de lombrices: 930.000 pesetas;
— tiempo necesario para cuidar el cultivo: una persona, 20 horas a la semana.

Los enemigos de la lombriz

También la lombriz cuenta con enemigos, contra los cuales hemos de intentar protegerla, ya que su única defensa es la de pasar desapercibida enterrada en el suelo.

Los enemigos de las lombrices son depredadores habituales o bien ocasionales que aprovechan la gran densidad que hay en un criadero y la nula resistencia que ofrecen las lombrices.

Varias especies de insectos y de escarabajos pueden ser sus depredadores. En cambio, no parece que los virus puedan causarle ningún daño. Los sapos, por su parte, son animales carnívoros que, debido a su imposibilidad de entrar en los lechos, no nos deben preocupar de forma especial.

Entre los demás animales enemigos de la lombriz se encuentran los pájaros en general, la gallina y todas las gallináceas, los erizos, los ciempiés y las hormigas.

Sapos

Las hormigas y los ciempiés

Las hormigas pueden resultar perjudiciales para las lombrices. Sin embargo, en principio hay que evitar el uso de insecticidas ya que también son perjudiciales para las mismas lombrices y para el medio ambiente. Por lo tanto, hay que utilizar técnicas disuasorias o substancias repelentes respetuosas con el medio ambiente.

Hormigas

:nte también regar abundante-
e donde han construido su
molestarlas, incluso volteando el
ırio. Se llevan alimentos y a veces
natan las crías. De hecho, no es
ɔ verlas alejarse con pequeños
ıs que todavía se mueven.

Además, causan molestias a las
brices y hacen inhabitable la
: del cultivo donde construyen el
).

En cuanto a los ciempiés, n
existen productos químicos qu
nos permitan eliminarlos o disu
dirlos de sus ataques, de mod
que la única forma de evitar l
daños causados por ellos es dete
tarlos y eliminarlos individualme

Ciempiés

Las ratas y ratones

Los ratones y las ratas en general, tanto las grandes como las pequeñas, solamente llegan a constituir un problema cuando se presentan en un número considerable, debido a que revuelven el lecho buscando la comida y estorban a las lombrices en su labor; si, en cambio, tan sólo aparecen unos pocos ejemplares, no llegan a causar graves perjuicios.

De todas formas conviene eliminarlas, empleando cepos o trampas de los que se encuentran en los comercios, que siempre hay que poner a ambos lados del lecho, y evitar el empleo de raticidas.

Ratones

Los pájaros

También los pájaros de cierto tamaño como los mirlos, los tordos, los faisanes, etc., constituyen un serio peligro para la lombriz, sobre todo si aparecen en bandadas o en gran número.

Aves en general

Una vez hayan localizado el cultivo, y sobre todo cuando hayan empezado a descubrir los gusanos, que para ellos resultan un bocado delicioso, en poco tiempo podrán causar graves pérdidas al cultivador.

Lo mismo puede decirse de las gallinas y las gallináceas en general, para las que las lombrices constituyen un alimento exquisito que continuamente buscan por el campo.

Un método eficaz y de bajo coste con el que defenderse de estos animales consiste en extender una red de plástico por encima de los lechos. Hay que señalar que hablamos intencionadamente de red de plástico y no de tela plástica, porque las telas, al impedir la transpiración y la renovación del aire, provocarían el recalentamiento de los lechos y al mismo tiempo impedirían la dispersión de los gases tóxicos que eventualmente pueden generarse en los cultivos.

Una red de plástico, en cambio, proporciona innumerables ventajas: los lechos están bien protegidos, no impide que estén bien aireados y no hay que tocar nada para regarlos. Deben evitarse las redes o mallas demasiado finas o incorrectamente instaladas y que constituyen un peligro para los propios pájaros, ya que quedan atrapados en ellas y les producen lesiones mortales como la rotura de las alas.

Gallinas

Las serpientes

Aunque las serpientes se alimentan de lombrices sólo de forma ocasional, si cerca

Serpientes

de la explotación hay un estanque o un curso de agua las culebras de agua pueden aventurarse hasta los lechos.

Sin embargo, sus efectos pueden ser más bien positivos, ya que tienden a alejar o cazar los roedores más que a comer grandes cantidades de lombrices.

Los topos

Los enemigos de las lombrices son numerosos, pero los topos son particularmente peligrosos y pueden destruir cultivos enteros. Por eso es indispensable proteger los lechos; con este objeto utilizaremos todo lo que tengamos a nuestra disposición, como planchas, ladrillos, cemento o redes metálicas de malla muy estrecha, para formar un pavimento aislante que el topo no pueda atravesar.

Conscientes del grave problema que representan estos animales para los cultivos, hemos trabajado activamente para encontrar una solución efectiva y radical que, al mismo tiempo, tenga un coste asequible y pueda ponerse en práctica con la máxima facilidad.

El resultado de las investigaciones llevadas a cabo en este sentido es una tela especial utilizada desde hace bastante tiempo, que responde satisfactoriamente a todas las exigencias y, además, ha contribuido sensiblemente a mejorar las condiciones de limpieza en las explotaciones y ha supuesto un importante ahorro de tiempo y de trabajo.

El topo es un enemigo acérrimo de la lombriz, ya que esta constituye una fuente de alimentación muy rica para él. Una vez que ha descubierto un lecho hará todo lo posible por entrar y, si el cultivo no está bien protegido, guido producirá una trofe.

Si tenemos la suerte de no advertii su presencia a tiempo, acaso durante el invierno, cuando no se est: continuamente en lc

Topos

Instalación de una malla antitopos en el fondo del lecho

cultivos, como mínimo puede dañarlos seriamente, e incluso destruirlos por completo.

Además de poner en práctica los consejos que hemos explicado para impedir que cause grandes daños en los lechos, es indispensable eliminarlo en cuanto lo veamos, con el uso de trampas que podemos adquirir en los comercios. Es muy importante exterminar lo antes posible este terrible enemigo.

El hombre

Lamentablemente también hay que incluir al hombre en la lista de los enemigos de la lombriz. En el pasado se las exterminaba porque eran consideradas perjudiciales para la agricultura. Incluso se pensaba que se comían las raíces de las plantas, porque al arrancar de raíz una planta muerta es muy frecuente encontrar lombrices entre las raíces. Es cierto, efectivamente, que en el campo se alimentan de raíces, pero únicamente cuando estas se encuentran ya en estado de putrefacción, puesto que la lombriz carece de dientes para masticar o triturar los alimentos, y para ingerirlos tiene que succionarlos. Por consiguiente, cualquier alimento que no esté en proceso de putrefacción no reúne las condiciones necesarias para servir de alimento a estos gusanos.

Hoy en día, además, con el uso cada vez más frecuente y a menudo abusivo de abonos químicos, herbicidas y productos fitosanitarios, se consigue mejorar a corto plazo la productividad de los cultivos, pero al mismo tiempo el continuo empobrecimiento y la grave contaminación que se provocan en el terreno crean graves problemas para la supervivencia de las lombrices.

Los agentes externos naturales

La lombriz no es propensa a contraer enfermedades, pero está expuesta a determinados agentes externos que pueden atacarla e incluso causarle la muerte.

Por lo tanto, es fundamental la buena alimentación, que no debe ser ni demasiado rica ni demasiado pobre en proteínas. Es un factor

Para mantener su actividad, las lombrices necesitan una temperatura adecuada y una humedad del orden del 80-85 %

primordial en el que hay que poner mucho cuidado, ya que la comida constituye el elemento básico para la lombriz, de cuyo bienestar depende por completo el rendimiento que podamos obtener de nuestra actividad. Es indudable que, tanto si las lombrices huyen como si mueren a causa de una mala alimentación, se produce un grave perjuicio en los cultivos que a un plazo más o menos largo se traduce en una pérdida de producción.

Así pues, no es suficiente limitarnos a controlar que la lombriz se quede en los lechos, aunque de entrada ya sea una buena señal, sino que debemos comprobar constantemente las condiciones en que estos se encuentran con objeto de poder intervenir rápidamente en caso necesario.

Una excesiva humedad en el lecho puede crear también algún problema. Cuando los cultivos reciben agua en exceso y tienen un mal drenaje se forma un charco muy peligroso para la lombriz, que puede vivir en el agua pero durante muy poco tiempo.

Aunque no siempre se pierdan todas las lombrices, cuando un lecho se encharca hay una gran disminución de la población, ya que por instinto la lombriz tiende a escapar cuando ve amenazada su supervivencia.

Además, en el agua, la lombriz puede sobrevivir algún tiempo, pero no trabaja ni se reproduce. Un grado de humedad superior al 85 % le resulta muy perjudicial y hace disminuir la producción. La humedad óptima va del 70 al 85 %. Aunque por debajo de estos valores sigue trabajando e incluso reproduciéndose, sin embargo disminuye proporcionalmente su actividad, puesto que le resulta más difícil asimilar la comida y moverse en el interior del lecho para ir en busca del alimento que presente las características necesarias.

EL PLANETA HUMUS

Fertilidad del suelo

La mayoría de suelos agrícolas del país tienen un porcentaje de materia orgánica muy inferior al necesario para garantizar la estabilidad y la fertilidad del suelo. La materia orgánica con las condiciones ambientales apropiadas, temperatura, humedad y microorganismos del suelo, se transforma en el humus o mantillo imprescindible para el buen desarrollo de las plantas cultivadas, si se trata de una explotación agrícola, hortícola o forestal. La transformación de residuos vegetales y excrementos animales en humus a través de las lombrices acelera un proceso que, en condiciones óptimas, se realiza de forma natural y permite la posterior incorporación del humus o mantillo obtenidos a los suelos pobres en materia orgánica.

Todos los investigadores aceptan la valoración del grado de fertilidad de un suelo establecida por la FAO, que se basa en el contenido de materia orgánica.

Según los criterios de la FAO, los suelos pueden clasificarse del siguiente modo:

	Contenido en materia orgánica	*Característica*
terrenos con bajo contenido	inferior al 2 %	casi estériles
terrenos con contenido medio	2-6 %	fertilidad normal
terreno con elevado contenido	7-30 %	fertilidad elevada
terreno con excesivo contenido	más del 30 %	fertilidad no controlable

Partiendo de la dotación normal, que corresponde a un contenido en materia orgánica del orden del 5 %, podemos efectuar las siguientes deducciones:

— el 5 % en una hectárea equivale a casi 500.000 kg de materia orgánica:
— calculando la producción agrícola media de una hectárea, limitándonos a algunos cultivos estacionales como el trigo, el maíz y el tomate, podemos deducir la extracción media de materia orgánica del terreno.
Para simplificar, calcularemos un cultivo por año natural.

Cultivo	*Extracción producto útil (kg)*	*Extracción plantas*	*Extracción total menos humedad*
trigo	40.000	40.000	60.000
maíz	80.000	80.000	90.000
tomate	800.000	300.000	300.000

Consideremos el ejemplo del maíz, cuyo cultivo dura 5 o 6 meses; la extracción de materia orgánica en este caso es de 13.000 kg por hectárea y año (más exactamente, por temporada; en realidad, una hectárea puede producir 1,5 cultivos por año, lo que supone del orden de 20.000 kg por año y hectárea).

Refiriendo el cálculo, para esquematizar, a un monocultivo, en 10 años se ha producido una extracción de 130.000 kg; en 20 años, 260.000 kg; en 30 años, 390.000 kg; en 40 años, 520.000 kg.

De esto se deduce que, al cabo de 30-40 años, el suelo puede haber perdido completamente su fertilidad.

Para el cultivo del maíz no es exactamente así, ya que hay que tener en cuenta las correcciones y las alternativas, pero en el caso de los monocultivos típicos (por ejemplo, el del arroz), el cálculo teórico que hemos esbozado arroja unos datos verdaderamente alarmantes en lo que se refiere a fertilidad.

En la agricultura intensiva de muchos países europeos y de algunas zonas de Norteamérica esta situación es objeto de graves preocupaciones; el incremento productivo de los cultivos desciende sensiblemente a pesar de que se intensifica el abonado químico.

Es importante precisar la función que cumple la materia orgánica en relación con la fertilidad del suelo.

En este sentido, una de las primeras acciones que la materia orgánica desarrolla es su efecto fertilizante y estructurador del suelo, al hacer más suelta y homogénea la capa de suelo que debe ararse y, por consiguiente, más apropiada para las prácticas agrarias. Además, se mezcla con las fracciones minerales del terreno incorporándolas a los llamados *coloides húmicos*, en los cuales tienen lugar las funciones de intercambio de los nutrientes minerales que hacen posible la nutrición de los vegetales en condiciones óptimas de humedad y pH.

Cuando la materia orgánica procedente de los restos vegetales y animales llega al suelo, se descompone y se va transformando mediante reacciones químicas complejas en elementos minerales como amoniaco (NH_3), ácido nítrico (NO_3H), dióxido de carbono (CO_2), fosfatos (PO_4)

ESQUEMA DEL PROCESO DE HUMIFICACIÓN

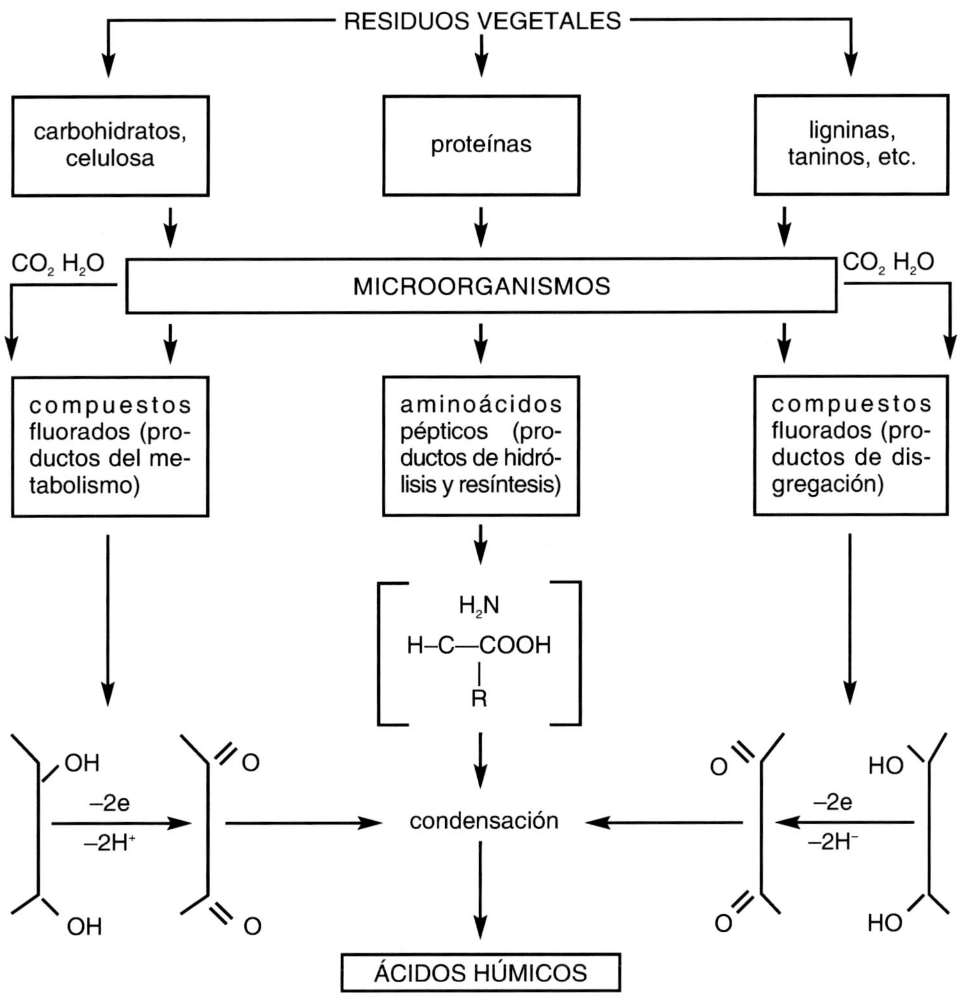

(De M. M. Kononova, *La sostanza organica delle terre incolte e coltivate*, Ed. Nauka, 1972.)

y sulfatos (SO_4), en un proceso denominado *mineralización* o *degradación biológica*, y también se va transformando mediante la humificación en la formación de complejos coloidales resistentes a la acción microbiana, los llamados *compuestos húmicos*, que se van mineralizando de forma mucho más lenta.

Cuando las condiciones ambientales lo permiten, el proceso de mineralización tiene lugar en dos fases: en la primera se produce amoniaco (NH_3); en la segunda, el amoniaco se oxida y pasa a ácido nitroso y finalmente a ácido nítrico (NO_3H). Cuando las condiciones ambientales favorecen la falta de oxígeno por compactación del substrato o por la falta de aireación de éste, o bien cuando la acidez es demasiado fuerte, sólo se produce la reacción de amonificación.

Por esto es conveniente aportar a las lombrices una materia orgánica que ya se haya visto sometida a este proceso y con el pH adecuado para las lombrices.

La materia orgánica fresca, una vez sufrida la primera fermentación, es la que se extiende en los lechos y lo que hacen las lombrices es acelerar el proceso de humificación, es decir, la transformación de esta materia en compuestos estables que se mineralizan lentamente y que constituyen la fertilidad del suelo y permiten el crecimiento y la producción agrícola u hortícola.

En los suelos con vegetación espontánea, la materia orgánica determina el ciclo biológico de los elementos nutritivos. Se trata de un circuito cerrado en el que los restos vegetales y animales son devueltos al suelo, donde son mineralizados. Los vegetales absorben estos elementos para desarrollarse y constituir los productores primarios que son la base de la escala trófica.

La velocidad de los ciclos biológicos depende de las condiciones ambientales.

A temperatura y humedad óptimas se acelera el ritmo, la materia orgánica se descompone rápidamente y produce gran cantidad de elementos nutritivos que pasan al medio.

En condiciones desfavorables como temperaturas demasiado bajas o demasiado altas, o bien condiciones de humedad deficientes o excesivas, la descomposición de la materia orgánica se ve frenada y se acumula en el suelo.

El contenido en ácidos húmicos

El humus tiene una composición extremadamente intrincada, tanto en el aspecto químico como en el biológico.

A causa de esta complejidad estructural del humus, cuando se quiere estudiar su naturaleza se tropieza con una serie de dificultades de tipo metodológico.

No obstante, si recogemos los resultados de trabajos efectuados por distintos investigadores en todo el mundo, podemos presentar un cuadro actualizado de los avances que se han conseguido, fijar una nomenclatura y establecer una terminología exacta.

Los autores que más han profundizado en la materia son L. L. Orlov, W. Flaig y L. N. Aleksandrova.

Orlov unifica los métodos y las terminologías de los autores para ofrecer el siguiente esquema, que hasta la fecha sigue siendo el más exhaustivo.

a) El suelo agrario se puede subdividir en:

— fracción inorgánica;
— fracción orgánica;
— edafon (conjunto de organismos vivos, Flaig).

La fracción orgánica y el edafon sólo se diferencian metodológicamente, pero en realidad forman un conjunto unitario, y ello es debido a que el edafon desarrolla una continua interacción metabólica con la materia orgánica y a que él mismo está, a su vez, compuesto de sustancia orgánica viva.

De todas maneras, el conjunto formado por edafon y materia orgánica es lo que comúnmente se denomina *humus*.

b) El humus, desde el punto de vista estructural, se subdivide en:

— sustancias húmicas específicas;
— sustancias húmicas intermedias del proceso de humificación, las cuales, con el tiempo, pasarán a convertirse en sustancias húmicas específicas;
— complejos heterogéneos de sustancias no identificables con los métodos analíticos actuales.

c) Las sustancias húmicas específicas se subdividen en:

— ácidos prohúmicos;
— ácidos húmicos;
— humina.

El término *humina* y su contenido conceptual presentan aspectos todavía sin precisar. Se prefiere, sin embargo, mantener dicha denominación a fin de dar cierta individualidad a aquel grupo de sustancias que no son ni ácidos prohúmicos ni ácidos húmicos, es decir, para identificar aquella fracción difícilmente hidrolizable en el proceso de separación de los ácidos húmicos.

d) Los ácidos húmicos constituyen el aspecto estructural y fisiológico más significativo del humus, y se subdividen en:

— ácidos húmicos;
— ácidos fúlvicos.

La diferencia entre ambos no es de heterogeneidad estructural sino de sucesión temporal en el proceso de formación y en el distinto grado de polimerización.

e) Los ácidos húmicos se subdividen en:

— ácidos húmicos pardos;
— ácidos húmicos grises;
— ácidos húmicos himatomelánicos.

Los ácidos húmicos pueden considerarse como el producto final del proceso de humificación. Hay que subrayar, no obstante, que en la actividad funcional del humus entran en juego todos los componentes incluidos en los puntos *d* y *e*; por lo tanto, se justifica perfectamente el término *ácidos húmicos* empleado para englobarlos.

Así pues, los ácidos húmicos son el conjunto de sustancias que se encuentran en fase de transformación bioenzimática, cuyo proceso se ha originado a partir de polímeros biológicos muy complejos estructuralmente y muy ricos en energía acumulable.

Formulando una explicación comparativa, podemos decir que los ácidos húmicos son los productos intermedios obtenidos del fraccionamiento de un combustible complejo sometido a un *cracking*: el combustible crudo difícilmente puede ser utilizado con fines energéticos, pero sus fracciones hacen girar los motores.

«Los residuos orgánicos del suelo y el humus se presentan como un depósito de energía cuyas reservas se renuevan ininterrumpidamente, y de ellas se sirven constantemente los organismos con sorprendentes resultados» (Nauka, 1973).

Colonización microbiana del suelo

El censo microbiano posiblemente más reciente, efectuado sobre distintos tipos pedológicos de terreno, es el elaborado por el Instituto de Investigación Científica de Microbiología Agraria de Leningrado (1977), que reproducimos en la siguiente tabla.

Indicios	*Podzol herbáceo*	*Cernozem*
Humus en %	4,2	4,3
pH (salino)	6,0	7,6
Nitrógeno total en %	0,25	0,28
Nitrógeno hidrolizable en mg/100 g	9,2	7,8
Densidad microbiana en 1 g de terreno:		
bacterias	17.600.000	11.200.000
hongos saprofitos	25.300	28.500
actinomicetos	418.000	883.000
oligonitrofilos	4.600.000	10.600.000
azotobacter Beijerinckii		354
clostridium pasteurianum	61.800	496.000
algas unicelulares	150.000	200.000
Total:	22.855.100	23.407.964

En 1 gramo de suelo, con mediciones periódicas referidas al ciclo vegetativo comprendido entre mayo y septiembre, se han detectado los siguientes cuantitativos numéricos de organismos:

— mayo: 31.078 billones de células;
— julio: 834.000 millones de células;
— septiembre: 1,95 billones de células.

El máximo de la producción microbiana coincide con el inicio del ciclo vegetativo; decae en cuatro ocasiones, correspondiendo aproximadamente con las etapas productivas de los cultivos: floración, reproducción y fructificación; se incrementa de nuevo en otoño, cuando el suelo se enriquece con la materia orgánica procedente de la defoliación estacional de las plantas.

En consecuencia, el momento de máxima población microbiana corresponde al de máxima dotación de materia orgánica del terreno; después decrece enormemente a medida que esta materia orgánica va siendo utilizada, es decir, mineralizada; inmediatamente vuelve a recuperarse, tan pronto como se aporta materia orgánica nueva, lo cual es perfectamente lógico porque la materia orgánica es el medio ideal para la vitalidad de la microflora.

El hecho de que junto a una *biomasa viva* exista también una *biomasa muerta* en distintos estados de descomposición forma parte del proceso natural del ciclo de la materia: si todos los microorganismos estuvieran destinados a sobrevivir, llegarían a formar en poco tiempo una masa tan grande que todo quedaría transformado en biomasa y no sería posible la existencia de los vegetales.

En cualquier caso, la actividad bioquímica del suelo se caracteriza tanto por la masa microbiana viva como por las enzimas procedentes de las bacterias.

Sabemos que el número de enzimas del suelo es elevadísimo y, además, nos resulta imposible analizar cualquiera de ellas, ni siquiera por separado.

En los últimos años se ha logrado concentrar las investigaciones y la metodología analítica sobre un grupo determinado; justamente sobre aquellas enzimas que son más características como indicios de la vitalidad y la fertilidad del suelo.

Estas enzimas son las siguientes:

• *Catalasas:* presiden los fenómenos de respiración del suelo, catalizando la reacción de escisión del peróxido de hidrógeno, con formación de agua y de oxígeno molecular.

• *Deshidrogenasas:* intervienen en los procesos NAD-dependientes, catalizando todas las reacciones óxido-reductoras mediante la deshidrogenación de la sustancia orgánica, en especial: hidrocarburos, ácidos orgánicos, aminoácidos, alcoholes, grasas, fenoles, etc. Las deshidrogenasas actúan como transportadores de hidrógeno y se subdividen en dos grupos: las aerobias, que movilizan el hidrógeno de los substratos orgánicos y los transfieren al oxígeno de la atmósfera con formación de H_2O, y las anaerobias, que transfieren el hidrógeno, con formación de agua y de oxígeno molecular.

• *Fosfatasas:* es el grupo enzimático que actúa en todos los procesos ATP-dependientes, ya sea a nivel exógeno, en los procesos de degradación de los carbohidratos poliósicos, ya sea a nivel endógeno, en la fermentación de las monosis y en las síntesis vitales.

• *Invertasas:* intervienen en todos los procesos de transformación de los oligosacáridos en monosacáridos.

• *Nitrogenasas:* es un grupo enzimático que preside los procesos de fijación del nitrógeno, tanto simbiótica como asimbiótica. Constituye uno de los más importantes indicios diagnósticos de la vitalidad del suelo.

Además de estos grupos enzimáticos existen otras enzimas, cuyo número es elevadísimo, las cuales desempeñan funciones todavía más específicas. No obstante, siendo de origen biológico todas las enzimas, es suficiente limitarse a aquellas pocas que resultan más determinantes para diagnosticar la vitalidad de la microflora.

EL HUMUS DE LOMBRIZ

La pérdida de fertilidad del suelo, originada por una progresiva carencia de materia orgánica, es un hecho que se detecta claramente en los países caracterizados por una agricultura intensiva.

Limitándonos a Europa, se observa que las agriculturas que más están acusando esta regresión en la fertilidad de las zonas de cultivo son precisamente las agriculturas más «químicas», y de modo particular la española. Hemos calculado que la cantidad de estiércol disponible por hectárea cultivable arroja una media nacional por debajo de las 5-7 toneladas, mientras que en Holanda, un país en el que los agricultores se apoyan mucho más en el abono orgánico, la cantidad de estiércol disponible por hectárea se aproxima a las 80 toneladas.

Esto demuestra que la pérdida de fertilidad no es tan imputable al uso de abonos químicos como a la falta de fertilización orgánica.

En España, igual que en muchos países, existe el agravante de unos métodos zootécnicos que a medida que se convierten a la ganadería intensiva se van alejando progresivamente de la agricultura.

Nos encontramos con muchas explotaciones ganaderas que carecen de tierras; los bóvidos de engorde están encerrados en establos, sobre suelos enrejados, y las deyecciones que producen carecen de fibra, de modo que nunca podrán proporcionar buen estiércol.

Desde el punto de vista técnico el fenómeno es francamente negativo, pero considerado desde un prisma económico tiene su justificación: si los animales estabulados tuvieran la clásica *yacija* (cama de estiércol), los costes de producción serían muy elevados. La triste consecuencia de todo ello es que la agricultura no sabe dónde encontrar materiales orgánicos para abonar los suelos.

Se plantea entonces un doble problema: el primero, directamente relacionado con el déficit de materia orgánica; el segundo, de índole técnica y económica. Si hubiese que organizar una explotación ganadera para producir, además, estiércol, sería necesario recurrir a estructuras muy costosas, con estercoleros de gran capacidad. Hay que tener en cuenta que el estiércol bovino debe permanecer compostado al menos 12 meses antes de convertirse en estiércol fermentado. Un sistema de estas características resulta demasiado gravoso para el ganadero, no sólo por la extensión que requiere sino también por el equipo mecánico necesario para manipular grandes masas de estiércol.

De todas maneras, sean cuales sean las causas del fenómeno, el hecho que particularmente nos interesa es fácil de constatar: el enorme déficit de materia orgánica. Este problema ha llegado a adquirir tales proporciones que en los últimos años se está intentando afrontarlo muy seriamente; todos los residuos orgánicos, tanto si provienen de la agricultura como de la industria, se someten a un proceso de transformación para obtener fertilizantes orgánicos.

En los últimos tiempos se ha podido comprobar cómo proliferan en el mercado los abonos orgánicos. Algunos han dado buen resultado; otros, en cambio, han sido técnicamente inadecuados. Sin detenernos en una relación detallada, los principales fertilizantes orgánicos disponibles en la actualidad son: fertilizantes orgánicos de origen animal, compost de desechos sólidos urbanos, compost agrícola y, en último lugar, el *compost* o humus de lombrices.

Efectuaremos seguidamente una breve valoración de estos abonos orgánicos antes de centrarnos en el *humus de lombriz*, que parece ser el producto más completo y el más apropiado para desarrollar una acción fertilizante total.

Los fertilizantes orgánicos de origen animal

Una de las cuestiones en las que no se ha profundizado todavía, ni científica ni tecnológicamente, es el problema del sustrato orgánico de partida. Muchos piensan erróneamente que cualquier material orgánico es adecuado para obtener un buen compost biológico: unos atribuyen más valor a los residuos orgánicos de origen animal como carnaza, sangre, cuero, etc., ya que contienen aproximadamente entre un 10 y un 12 % de nitrógeno; otros opinan que es mejor una masa orgánica mixta, compuesta de residuos animales y residuos vegetales; otros se decantan por los desechos sólidos urbanos, que proporcionan una mezcla más heterogénea.

Estas opiniones, a nuestro parecer, no resuelven en absoluto el problema, en todo caso lo resuelven sólo en parte.

Los residuos animales, al ser sometidos a un proceso de compostaje, además de experimentar una pérdida del nitrógeno contenido en las proteínas primarias, se transforman en una masa de compuestos orgánicos degradados poco propicia para fertilizar el suelo; por si fuera poco, en este sustrato resultante se concentra una población microbiana específica que puede constituir un obstáculo para la fisiología de la absorción radical de las plantas.

Los residuos orgánicos animales no deben someterse nunca a compostaje, solamente hay que desecarlos y después adicionarlos al terreno, sin ninguna transformación previa de carácter fermentativo; únicamente de esta forma es posible obtener buenos abonos nitrogenados, pero nunca pueden considerarse abonos biológicos. La demostración de esta tesis es la siguiente. El *compostaje* consiste en un conjunto de procesos fermentativos que se producen a consecuencia de la actividad zimógena de la microflora. En esta actividad fermentativa intervienen básicamente los carbohidratos contenidos en la masa orgánica.

La masa orgánica de los residuos animales, referida a la sustancia seca correspondiente a una carnaza de tipo normal, arroja una composición media de las siguientes características:

— proteína bruta . . . . 54 %
— sustancias grasas . . . . 4 %
— sustancias inorgánicas. . . . . 32 %
— sustancias orgánicas no nitrogenadas . . . . 10 %

Los carbohidratos representan aproximadamente una tercera parte del 10 % de sustancias no nitrogenadas que figuran en el análisis expuesto.

Por lo tanto, nos encontramos con un substrato carbohidrático netamente insuficiente para hacer posible una verdadera fermentación; en ausencia de agentes fermentativos proliferarán los microorganismos putrefactivos de las hidrólisis proteolíticas, los cuales transformarán las proteínas fuera de la estructura aminoácida, con producción de amoniaco volátil o derivados de las aminas, como indol, escatol y mercaptanos, con el subsiguiente empobrecimiento de oxígeno.

La masa residual, además de haberse empobrecido en oxígeno, presentará una colonización microbiana constituida por cepas toxicógenas, en contraposición a la microflora útil del terreno. Dichos gérmenes desarrollarán una acción antagónica, no solamente porque destruirán la flora bacteriana normal sino, principalmente, porque favorecerán el desarrollo de formas fúngicas (en especial, *Penicilium* y mohos de varias especies) cuyos catabolismos antibióticos originarán simultáneamente cambios en las colonias bacterianas útiles y necrotizaciones de los pelos radicales de las plantas.

El compost de desechos sólidos urbanos

Un partidario de la agricultura biológica no debería estar de acuerdo en utilizar el *compost de desechos urbanos* (es decir, del conjunto de sustancias orgánicas que se obtienen de la transformación de los desechos orgánicos) como fertilizante, porque siempre será un abono pobre e inapropiado.

Lo cual no significa en absoluto que el destino final de este producto no tenga que ser el suelo de cultivo, ya que la naturaleza ha dispuesto que el suelo sea el encargado de neutralizar todos los envenenamientos producidos por la actividad de los seres vivos.

Que la parte orgánica de los desechos urbanos debe ser incorporada al terreno es indiscutible, puesto que con su carga microbiana es el único agente capaz de transformarla biológicamente, pero ello no significa que el compost sea un fertilizante. Para determinar objetivamente el valor fertilizante del compost hay que atender a dos factores distintos: su composición y su riqueza microbiana.

La composición de un compost consta del 48 % de materia orgánica y aproximadamente el 52 % de sustancia inerte. Para asegurar un aporte orgánico suficiente a efectos del abonado hay que llegar a dosis muy elevadas; esto supone una aportación excesiva de materiales inertes que, a largo plazo, desequilibra la estructura fisicoquímica del terreno. Muchos suelos agrarios, tras ser reiteradamente abonados con compost, acaban siendo demasiado compactos, asfixiantes e improductivos.

La *colonización microbiana de un compost* suele ser en general inapropiada, por cuanto prevalecen los saprofitos y los microorganismos fúngicos sobre las cepas bacterianas. Este desequilibrio conlleva una fuerte acción negativa contra los microorganismos útiles del suelo.

Ocurre con muchísima frecuencia que la microflora fúngica típica del compost actúa con un gran poder antibiótico sobre los nitrofijadores libres y todos los oligonitrófilos, con lo que se origina el agotamiento del suelo en lugar de la fertilización.

La razón por la cual la microflora del compost es tan impropia se atribuye a la composición de su sustancia orgánica, que es muy pobre en celulosa y ligninas y no puede contener más que los microrganismos putrefactivos. Además, no siempre la transformación de la materia orgánica en él contenida se efectúa adecuadamente; en general la maduración de un compost se obtiene por fermentación espontánea que, a causa de la complejidad y la heterogeneidad de los substratos, acaba siendo caótica.

El producto final quedará, pues, invalidado a causa de todos estos factores negativos; por si fuera poco, a causa de la ausencia de material humífero en la materia orgánica de partida, será muy pobre en ácidos húmicos.

Sin embargo, algunos de estos compuestos, a los que en distintas fases de su elaboración se han adicionado materias orgánicas mejoradoras del grado de humidificación, han demostrado tener un nivel suficiente de eficacia (a pesar de que no se puede hablar de condiciones óptimas). Es el caso de los compuestos a los que se han incorporado residuos vegetales procedentes de la defoliación otoñal de las plantas.

Lamentablemente, estos residuos vegetales sólo están disponibles en unos periodos estacionales muy determinados, por lo que es posible que un centro de compostaje, que en lo demás podrá estar muy bien organizado, se ve obligado a suministrar un compost cuya calidad no puede asegurar que sea constante; en una determinada estación, producirá un compost excelente, mientras que en otra, será netamente inferior.

Este fenómeno lo han señalado los especialistas que estudian el problema del compostaje, pero que sepamos, ninguno se ha dedicado hasta la fecha a profundizar en él y a buscar una solución.

El compost agrícola

El fertilizante natural que preparan los agricultores en sus fincas puede ser de dos tipos: estiércol y *compost* propiamente dicho.

La práctica de la estercoladura es tan antigua como la agricultura misma; no es necesario que la describamos aquí con detalle. Señalaremos tan sólo que no siempre se prepara el estiércol de acuerdo con las técnicas idóneas para obtener un abono que reúna todos los requisitos de un buen fertilizante.

Hoy día, en general, en las explotaciones bovinas ya no se emplea la clásica yacija de paja para formar el lecho de los animales, por lo que la constitución fundamental del estiércol se reduce al material de las de-yecciones.

Después, a este estiércol no se le deja un tiempo de maduración, sino que se utiliza inmediatamente, en estado fresco, casi líquido, para irrigar los campos.

De este modo, los procesos de humificación tienen lugar directamente sobre el terreno pero, al ser una masa de deyecciones que carece de pajas y de fibra, el producto final es extremadamente pobre en sustancias húmicas y se carga de una microflora desequilibrada.

No hay duda de que es mucho mejor el estiércol que procede de cuadras con yacija y ha madurado en los estercoleros. Sin embargo, también el poder fertilizante de este producto tiene ciertas carencias, puesto que es muy pobre en elementos minerales.

Para suplir este inconveniente basta enriquecer el estiércol con una aportación de abonos minerales, especialmente fosfatados, mientras está madurando en el estercolero.

Se aconseja generalmente añadir 3 o 4 kilos de anhídrido fosfórico por metro cuadrado de estiércol, también unos 3 o 4 kilos de óxido de potasio y 1 o 2 de nitrógeno.

Este nitrógeno se transforma posteriormente en amoniaco volátil, por lo que no se encontrará en el producto final de la maduración pero habrá cumplido su función, que es la de mejorar la nutrición de la microflora de la masa de estiércol enriqueciéndola microbiológicamente.

El humus de lombriz

Una característica común a todos los compuestos fertilizantes es que hay que someter el substrato del que se parte a una serie de transformaciones, las cuales, para obtener un abono húmico completo, deben producirse del modo apropiado.

Este proceso de transformación es lo que comúnmente se denomina *compostaje*.

La particularidad fundamental del compostaje es que está basado en una sucesión de procesos fermentativos producidos por agentes microbianos.

Desde el punto de vista tecnológico se distinguen dos métodos de compostaje: el *método microbiológico* y el *método enzimático*.

A estos dos métodos convencionales se viene a sumar la acción de la lombriz que, como resultado final, permite alcanzar un perfeccionamiento del proceso de compostaje.

El *método microbiológico* consiste en añadir a la masa de sustancia orgánica un producto constituido por una masa microbiana obtenida de cultivos de cepas seleccionadas.

El *método enzimático* consiste en inducir una fermentación de la masa orgánica con un preparado constituido por numerosas enzimas, un *pool*, es decir: celulasas, hemicelulasas, proteasas, lipasas, amilasas, etc., sin las cepas bacterianas vivas.

La *acción de la lombriz* sobre la masa orgánica sometida a compostaje incide en todas las fases fermentativas, aunque influye en especial sobre la materia orgánica cuando esta ya se ha colonizado completamente con toda la microflora. El tubo entérico puede transportar, actuando alternativamente, enormes cantidades de material orgánico, sobre el cual

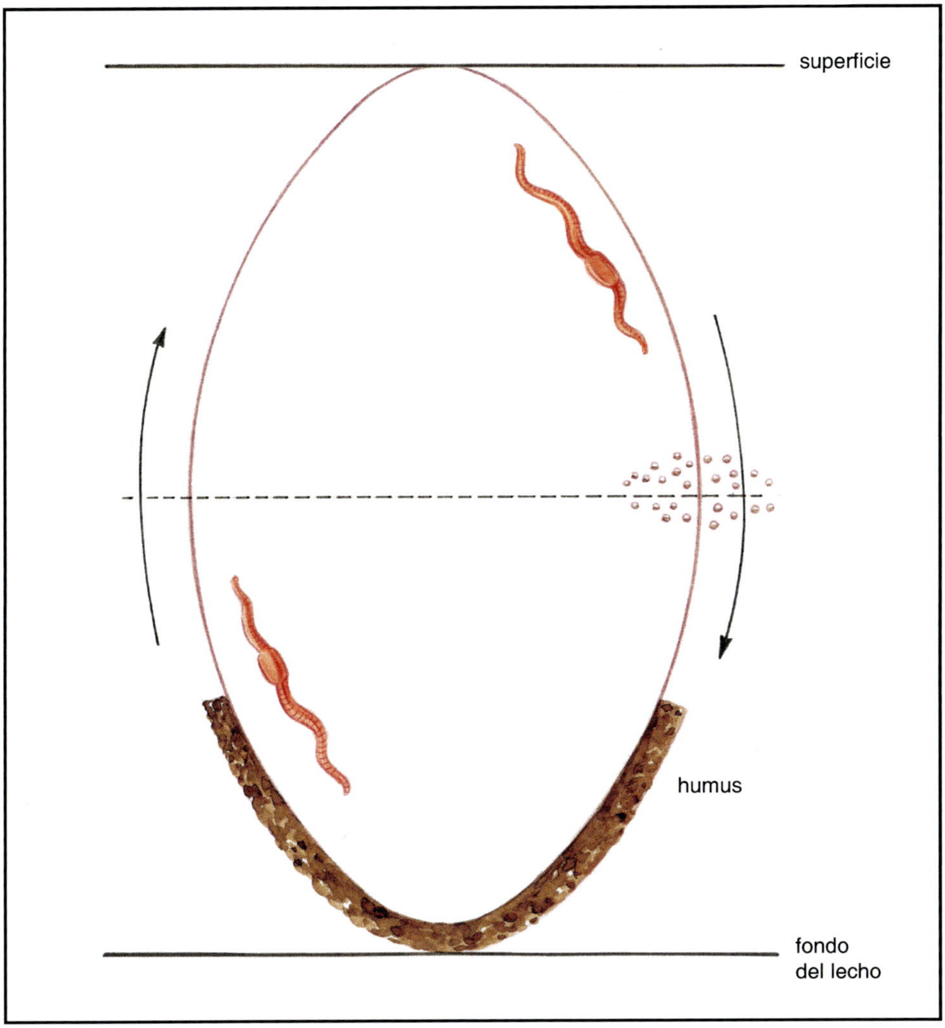

Las lombrices se desplazan diariamente desde el fondo hacia la superficie del lecho; el humus se va depositando en la parte más profunda

ejerce una acción digestiva en el sentido más amplio y específico del término. Naturalmente, no todo el componente orgánico es digerido, sino tan sólo aquellas fracciones que constituyen el nutriente apropiado para el metabolismo del animal.

En todo este proceso, la lombriz no tritura los materiales fibrosos (ligninas, celulosas, hemicelulosas, etc.), sino que estos pasan a través del aparato entérico sin experimentar ninguna alteración. Lo cual significa que la acción de la lombriz nunca llega a tener un efecto humogenético, o sea, *no produce ácidos húmicos*.

Los únicos agentes responsables de la formación de ácidos húmicos y humatos son las *células microbianas*, debido a su acción fermentativa. Por lo tanto, hay que suponer que los contenidos húmicos del compost existen antes de la digestión de la lombriz o bien se forman después, durante el periodo de maduración de la masa orgánica.

Este hecho ha sido verificado experimentalmente por los autores de esta obra, empleando un *pool* enzimático idéntico al que se utiliza en los procesos de compostaje. Añadiendo estas enzimas (particularmente ricas en celulasas y hemicelulasas y con una notable actividad proteásica y amilásica) no sólo se conseguía una transformación de la masa orgánica más completa sino que también la lombriz, al encontrarse en condiciones de utilizar mayor cantidad de nutrientes, alcanzaba un grado más elevado de vitalidad y proliferación. Esta peculiaridad proporciona una indicación muy útil al lombricultor para la elección de los substratos que puede utilizar en la formación del lecho de los cultivos.

El estiércol muy fresco nunca podrá dar un buen humus; en cambio, la mejor forma de asegurar la calidad del compuesto es utilizando estiércol maduro. El mismo razonamiento es aplicable a los barros de las depuradoras y a los residuos sólidos urbanos.

De ello se deduce que la técnica de bioconversión de los desechos orgánicos mediante el vermicompostaje *ha de ir siempre asociada al biocompostaje microbiano o bioquímico.*

Sacos de humus preparados para su comercialización en centros de jardinería o cooperativas agrícolas

Efectos de la lombriz sobre la colonización microbiana del compost

En la masa orgánica que constituye el lecho de la lombriz existe una población microbiana cuantiosa, constituida principalmente por *bacterias, hongos microcópicos* y *actinomicetos*. La *población fúngica* desempeña un papel preponderante en la fase inicial de los procesos de descomposición de los materiales orgánicos; con su actividad saprofítica, los microhongos atacan las ligninas y las celulosas, transformándolas en carbohidratos simples u oligosacáridos.

Durante esta fase, al no existir todavía en el substrato suficientes cantidades de carbohidratos fermentable, las bacterias permanecen numéricamente limitadas y metabólicamente latentes, por lo que se produce un desarrollo preponderante de los micromicetos. Sin embargo, tan pronto como la *microflora bacteriana* inicia su actividad vegetativa, disminuye el pH del substrato y los microhongos se encuentran ante un hábitat que comienza a serle desfavorable.

El efecto inmediato es que dejan de proliferar, si bien no desaparecen por completo.

Lo que en esta situación ocurre es que la célula fúngica intenta contrarrestar la supremacía de las bacterias mediante la producción de sustancias antibióticas dirigidas contra la célula bacteriana.

Pero esta acción antibiótica no logra prevalecer debido a que el número de bacterias es muy elevado y, además, porque el pH continúa evolucionando hacia valores cada vez más apropiados para favorecer su vitalidad.

Entonces, el microhongo intenta hallar un aliado en el vegetal superior: secreta sustancias típicamente estimulantes para el aparato radical de la planta al objeto de inducirla a emitir exudados que modifiquen el pH del suelo en sentido opuesto al que ha inducido la actividad bacteriana.

Este mecanismo, que es un fenómeno que típicamente tiene lugar en el suelo (o sea, en el compostaje natural que se verifica en el terreno), se produce también en su totalidad en los cúmulos de compostaje artificial.

Tanto los microhongos como gran parte de las bacterias, aunque son disociantes en lo que respecta al pH, poseen una condición que los iguala: un mismo nivel medio de temperatura. Es decir, son, ecológicamente hablando, *mesófilos*: prospéran y viven con factores medios de temperatura ambiental.

Así pues, en la contienda desarrollada entre bacterias y microhongos se ha llegado a la transformación de las celulosas y hemicelulosas en azúcares simples; en cuanto a las ligninas, sólo se ha producido de momento la separación de las moléculas celulósicas, pero las moléculas de compuestos aromáticos integradas en el complejo lignítico aún no han sido transformadas.

Para esta fase del proceso son más indicados particularmente los *actinomicetos*, los cuales, en colaboración con otros grupos bacterianos, procederán a completar la humificación con la policondensación de ácidos húmicos; en la fase que corresponde a esta acción fermentante se verifican una serie de reacciones exotérmicas que elevan la temperatura de la masa orgánica.

Este fenómeno puede observarse en los estercoleros, cuando el estiércol «humea» (de donde proviene el nombre con que se le conoce en francés: *fumier*). En estas condiciones, la masa orgánica alcanza una temperatura media de hasta los 70 °C.

Esta elevación térmica no representa ningún problema para los actinomicetos ni para una parte de las bacterias, ya que son termófilos; en cambio, para gran parte de los microhongos este nivel de temperatura no es adecuado. Se produce con ello la eliminación de todos los microorganismos mesófilos. Los microhongos prácticamente mueren; se rompe la membrana celular y el contenido citoplásmico se difunde en el medio.

Algunos componentes interiores de la célula (antibióticos, fitohormonas, fitoauxinas, citoquininas, etc.), a estas temperaturas, quedan inactivados y descompuestos, con lo que pierden su preciosa actividad bioestimulante. El resultado es que *en todos los tipos de compost en general* (estiércol, compost de desechos urbanos, de barros de depuradora, etc.) *se aprecia un nivel aceptable de ácidos húmicos, pero se constata la carencia de bioestimulinas*.

Ahora bien, cuando el biocompostaje microbiano-enzimático se asocia a la acción de la lombriz, el fenómeno queda automáticamente «corregido».

El tubo digestivo de la lombriz destruye también la célula fúngica porque su contenido, siendo el microhongo más rico en proteínas que la bacteria, constituye para ella un nutriente más apetecible; además, la membrana celular del hongo es menos cuticular que la bacteriana, y por lo tanto más digerible.

La destrucción del microhongo se produce a la temperatura del tubo entérico de la lombriz y, por consiguiente, no tiene efecto el violento *shock* térmico que da lugar a la acción de los termófilos. Como consecuencia de ello se evita la inactivación de todos los compuestos bioestimulantes presentes en el citoplasma de los microhongos, que son notablemente termolábiles.

La acción que la lombriz desarrolla sobre la masa orgánica permite, por lo tanto, alcanzar dos efectos marcadamente positivos: la destrucción de una parte importante de la microflora fúngica en favor de la bacteriana y la preservación de los compuestos bioestimulantes.

Por lo que respecta a la fórmula microbiológica, en el humus de lombriz se registra un predominio bacteriano que corresponde a las exigencias del terreno.

La disminución de la carga microbiana de las células fúngicas constituye un factor positivo a los efectos de la fertilización del suelo, por cuanto la eliminación de esta microflora evita la excesiva formación de mohos en el terreno, que son notoriamente perjudiciales para el desarrollo de la planta y para la fisiología de la absorción radical. De este modo, en el compuesto orgánico fertilizante que se obtiene al término del proceso de biocompostaje, la lombriz garantiza la fórmula microbiológica óptima.

No obstante, junto a los dos efectos positivos citados, existe el inconveniente de que en el tubo entérico de la lombriz no tiene lugar ninguna humificación.

Por esta causa, como mejor veremos a continuación, el poder fertilizante no reside tanto en el contenido en compuestos húmicos como en su riqueza microbiológica y en las bioestimulinas.

La descripción detallada de los mecanismos que intervienen en el proceso de vermicompostaje nos permite comprender con mayor claridad las características del compuesto y valorar plenamente las técnicas de aplicación.

Características del compost de lombrices

Los mecanismos de biocompostaje que se han descrito ponen de manifiesto algunos aspectos fundamentales que interesan al problema de la calidad del mantillo o compost. En primer lugar, no se puede hablar de características técnicas estables y homogéneas hablando de los compuestos obtenidos en distintos establecimientos o, en el mismo establecimiento, cuando se han empleado en los lechos substratos orgánicos diversos.

Con objeto de ofrecer la posibilidad de determinar la calidad de un compost de lombrices, exponemos seguidamente algunos criterios prácticos basados en datos analíticos que figuran en varias presentaciones comerciales de este producto.

Un análisis «tipo» de un compost obtenido en un lecho de estiércol bovino da los siguientes resultados:

Densidad microbiana	*Millones de células*
— bacterias (en 1 gramo)	1.000
— actinomicetos (en 1 gramo)	24
— microhongos (en 1 gramo)	4.500
— microflora total	1.028.000
Valores diversos	*Sobre la materia seca*
materia orgánica	55-70 %
humedad	30-40 %
ácidos húmicos totales	4-17 %
pH	6,7-7,2
Nutrientes minerales	*Sobre la materia seca*
— nitrógeno total	1,5-2 %
— anhídrido fosfórico	2-2,5 %
— óxido de potasio	4-6 %

La clave para una exacta evaluación de los datos analíticos viene dada por tres valores: la densidad microbiana, el contenido en materia orgánica y el contenido en ácidos húmicos totales.

• La *densidad microbiana* que figura en la tabla es óptima, como recuento microbiano total tanto como distribución taxonómica de los grupos. Estos valores de colonización microbiana son prácticamente iguales en todos los mantillos que se encuentran en el comercio, salvo adulteraciones ocasionales.

• El *contenido en materia orgánica*, como se pone de manifiesto en la tabla, oscila de valores mínimos a valores máximos. Ello significa que el estiércol que se emplea en el lecho experimenta variaciones estacionales en el contenido de materiales fibrosos.

• El *contenido en ácidos húmicos* resulta el índice de valoración más significativo. Si el compost presenta un contenido próximo a los valores mínimos, quiere decir que el material orgánico de partida (estiércol o desechos) se ha utilizado fresco y no previamente compostado; si, por el contrario, el contenido en ácidos húmicos se aproxima a los valores máximos, significa que el lumbricultor ha empleado en el lecho estiércol bien compostado y humificado. Este último se considera un buen producto.

Con el objeto de comprobar los datos indicados aconsejamos efectuar algunas comparaciones.

Los valores referidos al contenido húmico de un estiércol han de ser cotejados con los de un compuesto orgánico obtenido de material humífero (residuos vegetales).

Consideremos, en cambio, un compost obtenido de la transformación de barros anaerobios y aerobios procedentes de plantas de depuración de aguas, por ejemplo: el valor del contenido en ácidos húmicos no supera el 2,5-3 %.

Es ciertamente un compost pobre en compuestos húmicos, puesto que carece originariamente de materia orgánica humífera.

Por esta razón, y con objeto de obtener en la fase final un compost o compuesto de lombrices que contenga alrededor del 4-4,9 % de ácidos húmicos, estos barros se compostan en general junto con residuos sólidos urbanos. Aunque no es la mejor solución, supone una sensible mejora en comparación con el compost obtenido de los barros de depuradora exclusivamente.

Algunas consideraciones críticas en torno al compost

La práctica de la lumbricultura ha puesto de manifiesto que el compostaje con lombrices, en comparación con el compostaje puramente fermentativo, produce unos efectos correctores que mejoran sensiblemente los materiales orgánicos. Esto se comprueba, especialmente, con los compuestos de desechos urbanos sólidos y los obtenidos de los barros de las depuradoras, cuya eficacia se multiplica cuando se someten al tratamiento con lombrices.

Este resultado ha determinado que se esté considerando la lumbricultura como el camino ideal para eliminar los desechos.

En este punto, sin embargo, se tropieza con un grave problema de índole ecológica y sanitaria.

La lombriz, a causa de sus mecanismos fisiológicos, difícilmente está expuesta a las infecciones microbianas que pueden generar los microorganismos presentes en la masa orgánica del lecho; pero, al mismo tiempo, no posee ninguna acción bactericida ni bacteriostática sobre los gérmenes que circulan por su tubo digestivo.

Salvo la acción digestiva sobre los microhongos, la componente bacteriana o vírica se mantiene absolutamente estable. En consecuencia, si los materiales de partida contenían gérmenes patógenos, dichos gérmenes serán pasivamente transferidos al compost y, por lo tanto, trasladados posteriormente al terreno agrícola.

Las investigaciones efectuadas por diversos microbiólogos demuestran que todos los coliformes y las enterobacterias presentes en los barros y en los residuos urbanos se encuentran, con idéntica densidad, en las deyecciones de la lombriz.

Y esta constatación no es válida exclusivamente para los agentes infecciosos microbianos; varios autores han comprobado que el intestino de la lombriz tampoco ejerce ninguna acción inhibidora sobre los parásitos animales como *Metastrongylus*, *Histomonas*, *Hystrichis*, etc., que son patógenos para el hombre y para los animales domésticos.

Así, en el supuesto de que estos parásitos, tanto microbianos como zoológicos, se encuentren en el humus de lombriz, a nadie escapa que se multiplica el riesgo de contaminación para el hombre; no sólo porque las personas que trabajan en los cultivos pueden estar expuestas al peligro de contagio directo sino también y, sobre todo, porque los productos hortícolas pueden resultar altamente contaminados, de lo que se deduce que la lombriz, en este caso, contribuiría indirectamente a transferir los agentes contaminantes a la cadena alimenticia.

Además de la contaminación biológica, la acción de la lombriz puede incidir también contaminando el suelo, y con ello los alimentos, a través de la acumulación de metales pesados, de compuestos metaloorgánicos y de otros varios contaminantes químicos que se encuentran en abundancia en los barros de las depuradoras y en los residuos urbanos.

Varios investigadores han señalado que la lombriz, como en general todos los seres vivos, incluidos los vegetales, puede hacer algunos metales «bioacumulables».

A grandes rasgos, se trata de lo siguiente: cuando un metal o un compuesto inorgánico penetra en el sistema biológico de un animal, se desencadena a nivel inmunológico una secuela de «reacciones protectoras» que no tienden a destruir estas moléculas sino a inactivarlas, envolviéndolas en compuestos inertes para el organismo animal.

Estos compuestos serán posteriormente excretados o secretados, con lo que el agente contaminante químico se encontrará acumulado y cuantitativamente amplificado en las deyecciones.

Un estudio llevado a cabo por Hook y sus colaboradores en 1974 permitió cuantificar este fenómeno en lo referente al cadmio, el zinc y el plomo.

La lombriz, partiendo de los barros de las depuradoras, acumulaba el cadmio a razón de 100 veces más del contenido inicial presente en el barro; el zinc, entre 3 y 13 veces, y un poco menos el plomo.

No se trata en absoluto de subrayar estos aspectos negativos para con ellos insinuar indirectamente cierto escepticismo en cuanto a la validez agronómica del compost de lombriz; se hace más bien para advertir a los cultivadores, en términos reales, del riesgo de afrontar estos problemas demasiado a la ligera o con cierta imprudencia.

Es preciso señalar que la lumbricultura ha querido adoptar desde el principio una actitud extremadamente prudente con respecto a los materiales orgánicos utilizables en los lechos de cultivo.

En efecto, desde el primer momento los cultivadores han preferido adoptar el estiércol y descartar los demás residuos orgánicos, precisamente porque se consideran sospechosos de constituir un posible foco de contaminación.

Por una parte, este hecho ha incidido positivamente sobre la calidad del compost, pero ha originado también un grave inconveniente: los elevados costes de producción del humus de lombriz.

Manipular grandes cantidades de estiércol ya es económicamente muy oneroso, y hay que añadir además los costes derivados de la creación de estructuras y armazones para los cultivos, que inciden de forma sensible sobre los costes generales de producción hasta que no han sido amortizados por completo.

Sumando todos estos factores, el humus de lombriz resulta un producto inevitablemente caro, si bien esta circunstancia no impide que su comercialización dentro de la gran agricultura sea absolutamente viable.

El poder fertilizante del humus

El compost o humus de lombriz constituye, por su composición, en términos de materia orgánica y de población microbiana, un auténtico «fertilizante biológico». No sería exacto, sin embargo, definirlo como un abono verdaderamente completo, puesto que existe una fuerte carencia de compuestos fertilizantes minerales. Por lo tanto, hay que presentarlo como un *corrector* del suelo, o sea, un material indicado para mejorar los equilibrios biológicos del humus estable. Esta calificación podrá parecer acaso extremadamente restrictiva. Pero, en cambio, es justamente esa característica lo que explica el secreto de su gran poder fertilizante.

El parámetro que habitualmente se emplea para determinar la acción fertilizante de un abono es el incremento de la productividad de un cultivo. Un campo de trigo que produzca normalmente 4 toneladas por hectárea, sometido a un abonado especial puede llegar a producir 4,5 toneladas aproximadamente; se dice, entonces, que el abono ha aumentado en un 12,5 % la fertilidad del suelo.

Hay que precisar, no obstante, que el aumento productivo no siempre es imputable a un factor único, por lo que la valoración de la capacidad fertilizante de un producto no puede hacerse de un modo tan simple.

Lo explicaremos mejor con un ejemplo: si se abona un campo sólo con humus de lombriz, pero no se efectúa ninguna labor, como pasar el arado, gradar o abonar con fertilizantes minerales, es muy probable que el «incremento productivo» esperado no llegue a producirse. Para que el test tenga el valor de una prueba experimental efectiva lo que se debe hacer, en cambio, es aplicar todas las técnicas habituales al cultivo y, además, añadir el material que se quiere ensayar; en nuestro caso, el humus de lombriz.

La eficacia del poder fertilizante del compost hay que analizarla precisamente en este contexto. Es el aditivo que se añade y que determina precisamente el incremento de la fertilización.

Entre los componentes del humus, los que juegan un papel determinante en esta acción de fertilización son tres: la microflora, los ácidos húmicos y las fitoestimulinas.

Microflora

Es importante destacar que la microflora constituye el paso obligado en la transformación de todos los nutrientes minerales que utiliza el vegetal para su nutrición.

Todos los macroelementos y microelementos nutritivos son elaborados por las células microbianas. Por lo tanto, si el suelo no está suficientemente poblado de flora bacteriana, el aparato radical de los vegetales no podrá extraer todos los nutrientes que necesita.

Al aportar humus de lombriz a un suelo de cultivo se incrementa notablemente el número de células microbianas. Para tener una idea aproximada de la acción de este material basta pensar en los casi mil millones de microorganismos contenidos en el compost. Ahora bien, además de la densidad microbiana, lo que caracteriza particularmente su acción fertilizante es el tipo de microflora que presenta.

Desde el punto de vista taxonómico (es decir, el número de géneros y especies presentes), esta flora microbiana es la que desempeña las funciones más vinculadas a la absorción del vegetal superior.

La población microbiana superficial, que está en contacto con el aire, es necesariamente aerobia. Por esto, su actividad consiste sobre todo en fragmentar toscamente los detritus vegetales, y además producir una serie de reacciones químicas oxidantes: nitrificación del nitrógeno, oxidación del potasio, etc.

Una vez descompuestos en fracciones intermedias, los residuos vegetales superficiales, unidos a los catabolitos de la microflora aerobia, se desplazan hacia las capas más profundas del substrato de cultivo.

Unos y otros quedan expuestos entonces a la acción de un grupo de familias y géneros microbianos de metabolismo ambivalente: aerobio y anaerobio.

Estos microorganismos ejercen una posterior transformación bioquímica sobre los substratos orgánicos intermedios provenientes de la zona superior, y lo introducen a más profundidad todavía, es decir, los desplazan hacia la zona de la rizosfera, que es el estrato de suelo que está directamente en contacto con las raíces del vegetal superior.

En la rizosfera se localizan aquellas especies microbianas que interactúan sobre la absorción de nutrientes y sobre los pelos radicales. Esta microflora es marcadamente anaerobia; está compuesta principalmente por bacterias y presenta un metabolismo que tiende a catabolizar aquellos compuestos definitivamente mineralizados que constituyen el material nutritivo del vegetal superior.

La flora microbiana del compost, pues, en tanto que combinación taxonómica, es muy similar a la microflora que se encuentra en la rizosfera, lo que explica la acción directamente eutrófica que ejerce sobre la nutrición del vegetal.

Ácidos húmicos y hormonas vegetales

Algunos compuestos bioquímicos, aun no siendo estrictamente verdaderos nutrientes para los vegetales superiores, ejercen un efecto intensamente estimulante en el crecimiento de la planta. Tales compuestos se conocen con distintas denominaciones: fitohormonas, auxinas o factores bio. Su característica fundamental es que actúan con un efecto oligodinámico, es decir, a concentraciones bajísimas.

El humus de lombriz es particularmente rico en estas *hormonas vegetales*.

Entre las fitohormonas, las más sobresalientes son las giberelinas, las citoquininas y las auxinas, que en el compost registran los siguientes valores medios de concentración:

— giberelinas: 2,05-2,75 microgramos por gramo de materia seca;
— citoquininas: 1,05-1,08 microgramos por gramo de materia seca;
— auxinas: 3,07-3,80 microgramos por gramo de materia seca.

Las *citoquininas* (del griego *kytos*, «célula», y *kinao*, «mover») actúan sobre las células vegetales. En particular, estimulan la clonación de las estacas de plantación, de modo que las transforman de células estructurales en células reproductivas. Este proceso hace posible la formación de raíces a partir de un simple órgano vegetativo, que desarrollará una nueva planta.

El problema del desarrollo radical de las estacas (arraigo) tiene una gran importancia en los viveros para la producción a gran escala de árboles frutales y viñedos.

Las *giberelinas* y las *auxinas* actúan sobre el desarrollo de todo el sistema vascular y foliar de las plantas, y ejercen también un efecto determinante en el cuajado de los frutos, o sea, cuando propiamente se forma el fruto, contribuyendo a dar más solidez y resistencia a los pedúnculos.

En los frutales implantados en suelos pobres en humus es bastante frecuente la caída prematura de los frutos, lo cual se debe precisamente a una disfunción del órgano que los sostiene.

Se atribuye asimismo una acción fitoestimulante a los ácidos húmicos, que actúan, al igual que las fitohormonas, favoreciendo el enraizamiento, el desarrollo del sistema radical y el crecimiento de los tallos. Esta afinidad no es sorprendente si se tiene en cuenta que un componente esencial de su molécula está formado por compuestos aromáticos muy próximos a los naftoles.

Estos compuestos, que actualmente se obtienen por síntesis, se emplean en agricultura por su acción fitohormónica.

Los más conocidos son el ácido naftoxiacético y el ácido betanaftilacético.

La *diferencia* existente entre la acción fitoestimulante de los ácidos húmicos y la de las fitohormonas consiste en que, si bien actúan ambos a dosis mínimas, con los primeros no se producen efectos contrarios si la dosificación aumenta, mientras que con las fitohormonas basta un mínimo exceso en las microdosis para que puedan inducir el efec-to opuesto.

En algunas plantas, el exceso de giberelinas y citoquininas produce a menudo efectos de enanismo.

El «compost integrado»

Al describir las características del compost se han puesto de manifiesto dos aspectos particulares: de una parte, se trata de un compuesto que presenta una fórmula biológica inmejorable, pero que, por otra parte, acusa una carencia bastante sensible de ácidos húmicos.

Por consiguiente, su acción fertilizante resulta bastante restringida por lo que respecta al factor húmico, salvo en caso de efectuar aportaciones masivas. Esta solución, sin embargo, plantea el inconveniente de tener costes elevados, lo cual hace que en la práctica sea poco factible.

Existe una técnica para resolver este problema: preparar una mezcla equilibrada *(blending)* con el humus de lombriz y un abono húmico normal; es decir, elaborar lo que podríamos llamar un «compost integrado». Solamente algunas empresas que cuentan con experiencia suficiente y un avanzado nivel de investigación científica han podido resolver satisfactoriamente este problema, poniendo a punto un compuesto integrado de gran acción fertilizante y, al mismo tiempo, de precio reducido.

Para la integración a base de fertilizantes minerales, la mejor solución consiste en programar el abonado con vistas a administrar, al mismo tiempo y por separado, el abono químico y el abono orgánico.

UTILIZACIÓN RENTABLE DEL HUMUS DE LOMBRIZ

APLICACIONES DEL HUMUS

El estudio de las características técnicas del compost de lombriz valora esencialmente su riqueza microbiana como el factor que determina de modo más directo su gran poder fertilizante. El compost o humus de lombriz constituye efectivamente una eficaz inoculación microbiana para el suelo, y aporta además compuestos fitoestimulantes. En buena lógica, hay que deducir de ello que la función dominante que ejerce, en sus aplicaciones prácticas en la agricultura, es la de equilibrar la colonización microbiana del suelo.

Con la agricultura intensiva se produce inevitablemente un acusado empobrecimiento de las reservas orgánico-biológicas del suelo. Este fenómeno afecta de modo particular a los monocultivos persistentes, como viñedos y frutales; en estos casos, la extracción de nutrientes que hacen las plantas es muy elevado, mientras que las aportaciones orgánicas para restituir la materia asimilada por las plantas acaban siendo prácticamente nulas. De forma análoga a como ocurre en los cultivos frutícolas, este proceso se observa en los cultivos hortícolas, en los cuales la absorción es prácticamente total. Por lo tanto, el empleo de humus de lombriz, incluso teniendo en cuenta su coste, interesa por igual a estos tres sectores de la agricultura especializada: la fruticultura, la horticultura y los viveros.

El humus de lombriz en fruticultura

Un problema grave y muy frecuente en los terrenos destinados a monocultivos frutícolas es el de los *suelos esquilmados*. Este fenómeno se observa en casi todos los cultivos intensivos al cabo de cierto número de años: en los cultivos de pomáceas, de drupáceas y de agrios, y particularmente en los viñedos.

La aplicación de humus de lombriz en los viñedos favorece la fructificación

De todos es sabido que estos cultivos requieren cada uno un tipo de terreno, aquel que permite obtener determinadas características cualitativas, y ciertas cotas más o menos estables de productividad, por no hablar de las exigencias específicas en cuanto a ecosistemas climato-pedológicos: el caso más notorio es el de la vid.

¿Qué sucede cuando estos suelos se *agotan*?

En primer lugar, se produce un descenso progresivo de la fructificación y, por lo tanto, de la productividad. Posteriormente se agrava la situación, al recibir el suelo dosis masivas de abonos químicos, cuando empieza a decaer también la calidad de los productos. En la viticultura española, con una edad media de los viñedos muy avanzada, este fenómeno está alcanzando proporciones inquietantes.

Las cantidades de humus que se deben administrar en el abonado de frutales y viñedos se indican en la siguiente tabla.

ABONADO DE CULTIVOS FRUTÍCOLAS CON HUMUS DE LOMBRIZ

Cultivos	*Compost puro por planta*	*Compost integrado por planta*	*Compost integrado en campo*
jóvenes	1-2 kg	2-3 kg	2.000-2.500 kg/ha
adultos	2-3 kg	4-5 kg	2.000-2.500 kg/ha

Puesto que el humus o compost de lombrices, como hemos visto, supone sobre todo una inoculación microbiana en la zona radical de la planta, es preciso enterrarlos con una buena labor.

El humus o compost en los viveros

En la preparación de las estacas arraigadas se debe enriquecer el terreno con humus a razón del 30 % aproximadamente.

Para los trasplantes, se prepara una mezcla de humus y tierra de vivero, a razón de 5-6 kg de humus integrado por planta.

El humus de lombriz en los cultivos hortícolas

En el pequeño huerto familiar, el abonado con humus de lombriz se efectúa a mano. Para los trasplantes se aconseja efectuar una aplicación localizada con humus puro, depositando un puñado en cada agujero.

PRONTUARIO PARA EL USO DEL HUMUS DE LOMBRIZ EN HORTICULTURA

Cultivos	*Características de las semillas*				*Cantidad de semillas necesaria para:*		*Distancia de las siembras*			*Extracción de principios fertilizantes por ha*			*Consumo aconsejado por hectárea*			
	Número de semillas contenidas en 1 g	Peso de 1 l de semillas (g)	Duración de la facultad germinativa (años)	Días que emplean en germinar	1 m^2 de siembra (g)	1 área de siembra (g/100 m^2)	En la fila (cm)	Entre filas (cm)	Cantidad media de plantas por área	N (kg)	P_2O_5 (kg)	K_2O (kg)	Humus de lombriz (kg)	N (kg)	P_2O_5 (kg)	K_2O (kg)
Acelga penca ancha	60-70	250-300	6-9	8-9			40	50	500				15	80	30	80
Achicoria	600-700	350-400	2-4	18-20	—	1000	15	20	3.333	100	35	100	16	60	40	80
Ajo	—	—	1	10-12	3	—	15	25-30	2.666-2.222	50	15	30	15	50	20	50
Albahaca	700		8-10	12-14		300	30	30	1.111				18	80	30	100
Alcachofa	20-25		6-7	20-22			80-100	100	125-100	110	80	180	18	50	110	80
														150	200	150
Alcaparra	950	300	2-5	10-15		0,1	150	200	33				14	50	30	70
Apio	2500		5-9	15-22	2	—	20-25	30-35	1.666-1.142	130	50	200	17	65	15	125
Batata	—	—					40	50	500	70	20	110	18	100	40	100
Berenjena	250	500	4-8	8-10	30	—	40-50	60-70	416-357	50	50	100	17	50	70	100
Berza	350-400	620-700	5-8	5-7	2	—	50	60	333	200	90	280	15	100	40	80
Brécol	350-400	700	5-8	5-7	3	—	50	60	333	200	80	250	16	100	40	80
Calabaza	3-6		6-8	6-8	—	450	100-150	100-150	100-44	110	160	90	15			
Cardo	25	600	6-7	20-22		20	100	100	100				16	150	50	180
Cebolla	250	500	2-6	8-10	3	5-6	15	20	3.333	100	40	140	16	100	40	150
Col de bruselas	350-400	650-700	5-8	5-7	2	—	50	60	333	200	90	280	16	50	50	80
Col lombarda	350-400	620-680	5-8	5-7	2	—	30	40	833	200	90	280	16	50	50	80
Coliflor	350-400	700	5-8	5-7	2	—	50	60	333	200	80	250	16	100	40	80
Colinabo	350-400	620-680	5-8	5-7	3	—	30	40	833	100	80	160	16	100	40	80

Endivia	500-600	300-350	5-10	18-20	2	—	25-30	40	1.333-1.000	55	20	120	16	25	50	50
Escorzonera	80-90			10	—	50	10	26	4.000				—	50	25	60
Espárrago	40		5-8	14-35	5	—	40-50	60-70	500-286	100	30	90	20	300 100	250 30	480 100
Espinaca	85-90 100-110	360-380 450-500	3-6	3-8	—	400	20	30	1.666	95	35	100	16	45	10	50
Fresa			2-5	10			30-40	40-50	833-500				18	50	100	60
Guisante	3-6	700-850	2-6	3-7	—	1800	50-60 80-90	40-60 120-200	333-90	125	30	65	16	60	20	60
Haba	1	650-880	4-8	8	—	1500	40-50	40-50	625-400	125	40	100	16	20	30	60
Habichuela	1-4	620-850	3-6	8-10	—	1300	20-25	80-110	500-363	110	26	85	15	100	30	55
Hinojo	200-300		3-4	15-20	10	13	15-20	30-40	2.222-1.250	55	20	120	16	30	50	80
Lechuga	700-800	400-450	4-5	6-7	1,5	—	35	35	816	55	20	120	17	55	20	120
Melón	10-15	350-400	4-8	10-12	—	25-30	80-100	100	125-100	110	50	150	16	40	30	70
Nabo	450	650	4-5	5-6	—	35	25	20-30	2.000-1.333	100	60	100	16	100	40	80
Patata	—	—		6-8	—		35-40	50-60	571-476	100	50	200	16	10	60	150
Pepino	30-35	350-450	7-8	8-10	—	20	80-100	100	125-100	50	40	80	16	50	40	80
Perejil	—		2-8	20	—	2	10-15	30	3.333-2.222				14	15		25
Pimiento	120-150	450	3-6	10-12	25-30	—	30-40	50	666-500	50	50	100	17	40	60	80
Puerro	500-600		2-5	8-10			15	30	3.333	100	40	140	17	80	30	120
Rábano	120	700	3-5	5-6	—	300	10	20	5.000	130	50	200	16	60	30	70
Remolacha	60-70	250-350	3-5	10-12	—	250	25	40	1.000	150	50	220	19	130	50	250
Repollo	350-400	700	5-8	5-7	3	—	50	60	333	200	80	250	16	100	40	80
Sandía	7-8	420-450	5-9	10-12	—	30	100	100	100	50	15	65	15	50	20	60
Tomate	300-350		3-8	12	6	20-30	40	60-100	458-250	80	60	90	15	60	40	60

En los huertos familiares, la incorporación del humus de lombriz de producción propia o adquirido en el comercio constituye una excelente fuente de materia orgánica

En los cultivos hortícolas industriales, la aplicación del abono se efectúa en pleno campo. No obstante, si se acostumbra a abonar al pie con fertilizantes químicos, se aconseja añadir en la sembradora y en la máquina de trasplantar una pequeña cantidad de humus integrado en el momento de la siembra o cuando se trasplanta.

En la tabla anterior se indican las dosis de abonado para la horticultura industrial y los principales cultivos, y se incluyen además los datos técnicos de cultivo.

Humus y agricultura

Cuando el hombre abandonó la vida nómada para pasar a una sociedad de carácter sedentario empezó a dedicarse a la agricultura y se puso a cultivar aprovechando la fertilidad natural del suelo. Desde entonces, durante siglos y siglos, la tierra ha dado sus frutos gracias a sus reservas de humus (es decir, de materias orgánicas derivadas de la transformación de detritus animales y vegetales llevada a cabo por microorganismos).

Es en el siglo XX, con la llegada de la agricultura intensiva, cuando surge el problema del empobrecimiento de los suelos. Este fenómeno, paradójicamente, se plantea inmediatamente después del descubrimiento de los fertilizantes minerales, o sea, en plena era de la agricultura química.

En los últimos ochenta años ha tenido lugar lo que los científicos han designado como la «revolución verde». Con el abonado químico, los estudios de genética aplicada, la mecanización agrícola y el desarrollo de las técnicas fitosanitarias, han aumentado enormemente las producciones agrícolas y ha mejorado sensiblemente la calidad de los productos.

No obstante, este innegable progreso técnico se ha visto empañado por algunos aspectos muy negativos: monocultivos exacerbados, contaminación de los suelos provocada por los residuos de los pesticidas, disminución de la calidad de los productos y campos esquilmados a causa de la explotación desmedida.

Según los datos aportados en un trabajo de investigación desarrollado en años muy recientes por el departamento central de estadística de la Unión Europea, en los países de la Unión, sobre el total de superficie arable existente en el periodo comprendido entre 1955 y 1980, o sea, en el transcurso de 25 años, se perdieron para el cultivo 9,6 millones de hectáreas de superficie agraria utilizada (SAU). Por fortuna, en algunos países comunitarios existen órganos de planificación altamente eficientes, que han permitido dedicar a cultivos forestales unos 6,6 millones de estas hectáreas perdidas; pero quedan todavía 3 millones de hectáreas que ni siquiera se han aprovechado forestalmente. Una parte importante de esta superficie se encuentra, precisamente, en tierras españolas. En la última parte del siglo XX, la superficie agraria de sementera ha experimentado en España una considerable disminución.

Paralelamente, la superficie agraria utilizada (SAU), en el mismo periodo, ha disminuido, lo cual significa que muchas hectáreas de sementera han pasado a otros cultivos (a cultivos arbóreos, o sea, frutales y viñedos).

De las hectáreas perdidas como SAU:

— 5/8 se han transformado en terrenos marginales improductivos;
— 2/8 han sido absorbidos por el auge de la construcción;
— 1/8 se ha convertido en zona forestal.

Esto significa que un país eminentemente agrícola como España pierde, cada 25 años, una superficie agraria muy considerable. Sin embargo, lo que confiere al problema unos tintes más pesimistas es que esta pérdida, contrariamente a lo que sucedía en otras épocas, en la actualidad no es imputable al desarrollo del sector de la construcción, cuya influencia es hoy irrelevante, sino a la *pérdida de fertilidad del suelo*.

Las superficies agrarias que, en el mundo, anualmente pasan a convertirse en terrenos marginales, según estadísticas de la FAO, corresponden al 0,38 % de las áreas cultivadas existentes; es decir, existe una pérdida por agotamiento de los suelos que se calcula en la actualidad en 5,7 millones de hectáreas por año.

Esta desfertilización de los suelos no significa otra cosa que la pérdida de las reservas de humus que se acumulaban originariamente en ellos. Está comprobado que, si no se aporta al suelo materia orgánica, el humus estable del terreno se consume totalmente en un plazo de 40 años. El gran error de la agricultura moderna ha sido no haber previsto la reconstitución del humus, confiando exclusivamente en el abonado químico.

Si la fertilidad del suelo está hoy comprometida hay que imputarlo en gran parte a un exceso de quimificación en las prácticas agrícolas, acompañada con el agravante de los monocultivos.

Entendemos por quimificación agrícola el uso cada vez mayor, en cantidad e intensidad, de productos químicos en la agricultura, en forma de compuestos fertilizantes, productos fitosanitarios y preparados empleados en la conservación de los productos del campo. Las imputaciones más graves afectan a los productos fitosanitarios, los cuales, ya en su misma definición, se presentan con una calificación que no deja lugar a dudas: venenos para la agricultura, pesticidas, insecticidas, herbicidas. ¡Productos que no admiten otra etiqueta que la calavera y los dos fémures cruzados!

El peligro que entraña su toxicidad ha sido ampliamente advertido por todo el mundo, incluyendo las firmas especializadas que se dedican a prepararlos, que están investigando nuevos compuestos menos tóxicos o incluso inocuos. Además, existe una estricta normativa legal que regula su empleo.

La necesidad de emplear productos fitosanitarios obedece a un fenómeno más general: la malnutrición de las plantas. El vegetal mal nutrido o mal cultivado enferma con más frecuencia y más gravemente que el vegetal que ha podido disponer de una buena nutrición. De esto se deduce que es más provechoso practicar, también en el mundo vegetal, una medicina preventiva que una medicina curativa. Cuando se garantiza a la planta una correcta aportación nutricional, se limita sensiblemente su posible patología y se logra reducir al máximo cualquier eventual intervención terapéutica. A la luz de estas consideraciones, el tema del abonado reviste una importancia particularmente relevante.

En la tabla que reproducimos a continuación se ha cuantificado el nivel de quimificación de la agricultura en los países donde el problema es más significativo. Dicho concepto se expresa en función del nitrógeno empleado por hectárea; los datos proceden de *Production Yearbook*, 1977, editado por la FAO.

DATOS COMPARATIVOS DE OTROS PAÍSES SOBRE EL GRADO DE QUIMIFICACIÓN AGRÍCOLA
(expresada en nitrógeno)

	Consumo de nitrógeno en toneladas	*Superficie de sementera en hectáreas*	*Grado de quimificación kg/ha*
Italia	1.120.000	9.217.000	121
Alemania	1.475.000	7.500.000	196
Francia	1.695,000	17.000.000	99
Polonia	1.365.000	15.000.000	91
Países Bajos	1.260.000	796.000	1.582 (= 475) (*)
EE.UU.	9.150.000	189.000.000	50
antigua URSS	7.240.000	227.000.000	31
China	2.730.000	127.000.000	21

(*) *Los Países Bajos exportan casi el 70 % de su producción; no obstante, constituyen el país con más alto grado de quimificación.*

Del conjunto de consideraciones hasta aquí efectuadas podría deducirse una interpretación radicalmente negativa sobre la utilidad de los abonos químicos. No obstante, con objeto de introducir las reflexiones que expondremos seguidamente, repetimos una vez más que los fertilizantes minerales tienen en general una validez indiscutible dentro del conjunto de aportaciones destinadas a fertilizar el suelo, con tal de que al utilizarlos no se prescinda automáticamente del abonado orgánico. Al respecto, hemos de advertir también la posibilidad de incurrir en el error opuesto: como sea que los abonos químicos provocan tantos inconvenientes, es preferible suprimirlos y concentrarse solamente en el empleo de abonos orgánicos; de esta forma se elimina el riesgo de contaminación y es posible mantener la calidad y la pureza de los productos.

La base de una sana agricultura científica no es esta; no se establece en ella la alternativa entre abonado químico y abonado orgánico. La verdadera agricultura lo formula del modo siguiente: la planta bien nutrida produce frutos sanos, genuinos, en los que abundan los principios nutritivos intrínsecos; la planta que ha padecido carencias nutritivas o ha sido mal alimentada, en cambio, proporciona productos pobres y desequilibrados. La malnutrición se da en los dos supuestos siguientes: abonado exclusivamente químico (y, además, generalmente limitado al compuesto nitrógeno-fósforo-potasio) en suelos pobres en materia orgánica; abonado únicamente orgánico en suelos que carecen de elementos minerales.

Cuando el abonado orgánico y la fertilización con compuestos químicos se conjuntan de un modo armónico, cubriendo debidamente las necesidades nutritivas reales de la planta, se obtiene la producción óptima, tanto desde el punto de vista cuantitativo como en el aspecto cualitativo.

El problema de los abonos

En la literatura técnica y científica del último decenio ha surgido una controversia entre dos posiciones dialécticamente enfrentadas: *abonos químicos* y *abonos orgánicos*. Los partidarios de una «agricultura sana y natural» se muestran proclives a eliminar todas las aportaciones fertilizantes basadas en el empleo de productos químicos, que, según su opinión, son responsables de todos los inconvenientes que hemos puntualizado más arriba. El uso del humus como abono exclusivo sería el único camino para salvar la agricultura moderna del *impasse* tecnológico en que se halla a consecuencia de la irreflexiva tendencia a la quimificación.

Sin poner en discusión las posiciones ideológicas particulares, intentaremos, a continuación, formular una reflexión llana y exhaustiva sobre el tema, anticipando que la solución científica considera por igual la efectividad de los abonos químicos y de los abonos «húmicos». La fertilización agraria se verifica del mejor modo empleando simultáneamente ambas técnicas.

Abonado mineral

Por abono mineral se entiende el conjunto de prácticas agronómicas basadas en la aportación de compuestos químicos abiógenos que pueden pertenecer al campo de la química orgánica o al de la química inorgánica. Son inorgánicos todos los abonos potásicos y fosfatados; entre los nitrogenados, algunos, como la urea y el amoniaco, pertenecen a la química orgánica. No obstante, en la terminología técnica, por razones de simplicidad, se habla de abonos «minerales» para distinguirlos de los abonos «orgánicos», que son los de origen biógeno, tanto vegetal como animal.

El objetivo esencial del abonado mineral es alimentar el vegetal en el cuadro de los procesos quimiosintéticos; expresándolo en términos más sencillos, la misión del abonado consiste en suplementar aquellos nutrientes minerales que la planta necesita y que no se encuentran disponibles en el suelo en cantidades suficientes.

Si el estrato agrario, admitamos esta hipótesis, posee una reserva suficiente de elementos nutrientes, el abonado puede ser entonces hasta superfluo.

Dentro de cierto límite, el abonado mineral, aportado a un suelo fértil de por sí, puede incidir positivamente generando un incremento cuantitativo y cualitativo. Bajo este principio surge y se justifica la agricultura intensiva.

Sin embargo, las aportaciones que rebasan las posibilidades de alimentación no solamente carecen de influencia sobre la productividad sino que incluso pueden generar disfunciones metabólicas.

En las técnicas modernas, con las cuales se ha intentado incrementar la rentabilidad de los cultivos, para neutralizar las descompensaciones causadas por la nutrición forzada que recibe el vegetal se ha recurrido a la genética con la intención de crear variedades capaces de soportar la hiperdosificación de nutrientes, obteniéndose resultados ampliamente satisfactorios. No se debe olvidar que la agricultura se ha apoyado siempre en la selección genética y en la nutrición de las plantas.

Existe un aspecto negativo que es preciso tomar en consideración: con el uso de abonos químicos aumenta la microflora. Una masa microbiana más numerosa desarrolla una mayor acción fermentativa sobre la materia orgánica contenida en el suelo, lo que significa, en consecuencia, que se produce también un mayor consumo de humus.

Este fenómeno explica el hecho dramáticamente denunciado por muchos científicos: en los últimos 30 años, a pesar de los abonados masivos, ha menguado sensiblemente y de forma progresiva la fertilidad de los suelos.

La situación de la agricultura europea demuestra claramente que no es posible subestimar el problema: en los países de la Unión, en los últimos 25 años se han perdido casi 9 millones de hectáreas de superficie agraria utilizada.

No sería exacto imputar este desastre a los abonos químicos; hay que achacarlo más bien al hecho de no haber previsto la reconstitución de la materia orgánica. En ello radica la base de la tesis que sostenemos: una agricultura verdaderamente equilibrada, la única que con todo derecho puede calificarse de «biológica», se basa en igual medida en los abonos orgánicos y en los abonos químicos. Indicamos seguidamente las proporciones y dosis que se deben aplicar.

Abonado húmico-mineral

El abonado orgánico restituye al suelo el humus que los cultivos extraen. Pero la materia orgánica suministrada en forma de fertilizantes no representa una aportación directa de nutrientes para los vegetales, por cuanto los elementos nutritivos que contiene no se encuentran en estado mineral, y para que se conviertan en nutrientes idóneos han de ser liberados y mineralizados. Esta transformación se produce a través de la acción fermentativa de la microflora.

Las experiencias realizadas por Kononova y Aliez han permitido medir el grado de mineralización de la materia orgánica y aislar los mecanismos que intervienen en este proceso. Considerando el balance material, aproximadamente el 75 % de la materia orgánica se disgrega totalmente hasta quedar mineralizada por completo; el 25 % restante, que no se mineraliza, se transforma en humus.

La evolución energética que se verifica sucesivamente en el proceso demuestra que la fracción mineralizada cede todo su contenido energético; la parte humificada, en cambio, crea una acumulación energética típicamente opuesta al potencial termodinámico. En efecto, el contenido calórico de la masa vegetal sometida a degradación es de

4.000 cal/g; el 25 % de esta masa, que no llega a degradarse sino que se humifica, posee un contenido calórico de 4.700 cal/g; así, pues, existe una potencialización energética y una neta recuperación del potencial termodinámico originario.

Reportando el cálculo a 1.000 gramos de masa orgánica inicial, los 250 gramos humificados poseen un contenido calórico total de 1.175.000 calorías, que representan el 29,3 % de los 4.000.000 de calorías existentes inicialmente.

Esto equivale a decir que, en la degradación de la materia orgánica, una cuarta parte de la misma queda excluida de la mineralización, mientras que de su potencial energético sólo se excluye un tercio.

El aspecto energético del fenómeno tiene gran importancia para comprender el cometido del abono orgánico. Se pone de manifiesto, efectivamente, que el abonado orgánico no solamente suministra al suelo elementos nutritivos, sino también, y sobre todo, proporciona al apartado de las síntesis químicas determinadas formas de energía, directamente disponible por el condicionante termodinámico de la función nutritiva de las plantas a nivel radicular.

Todos los procesos relacionados con la absorción de nutrientes por parte de los pelos radiculares requieren un componente energético que haga posible el proceso mismo de absorción.

Este componente energético ha de ser de naturaleza apropiada a las reacciones bioquímicas que se verifican en los procesos: no cabe pensar que, para orientar las reacciones químicas, se puede utilizar, por ejemplo, energía mecánica o energía térmica; es preciso utilizar energía química, o sea, energía contenida en una estructura molecular.

Para hacer más fácilmente comprensible este aspecto se puede formular una comparación: en la actividad metabólica de los seres vivos, las moléculas que vehiculan la energía localizada son los nucleótidos; análogamente, en la esfera del metabolismo radical, las moléculas cargadas de energía son los ácidos húmicos.

Esta peculiaridad permite definir el aspecto más característico de los abonos orgánicos: el aporte de energía.

De la consideración de este fenómeno nace nuestra tesis fundamental: *el abonado debe garantizar la aportación de todos los componentes que aseguran la fertilidad del suelo y la productividad de la planta*. Estos componentes son: nutrientes minerales, microflora, materia orgánica humificada y energía coligada.

No es suficiente sostener, como hacen ciertos agrobiólogos poco informados, que el camino mejor consiste en aportar al suelo única y exclusivamente materia orgánica. Nosotros sostenemos que la solución idónea estriba en suministrar *materia orgánica integrada*.

Las plantas cultivadas que se fertilizan con abonos húmico-minerales tienen garantizada una nutrición equilibrada, visible en los resultados

El abonado orgánico, por lo tanto, no debe reducirse a la simple función de aportar elementos nutritivos a los cultivos en forma compleja o, como suele decirse, en forma biológica. En primer lugar, es muy importante determinar qué tipo de materia orgánica es el más apropiado para actuar como fertilizante, puesto que no todo lo que es orgánico puede ejercer una acción nutritiva.

Para decidir cuáles son los requisitos fertilizantes esenciales contamos con la ayuda de la naturaleza: en los ecosistemas naturales, la materia orgánica que crea un estado de fertilidad es básicamente la materia orgánica vegetal; esta materia está constituida principalmente por polímeros carbohidratos, como celulosas y ligninas.

Tales polímeros son muy ricos en energía y constituyen el substrato ideal para el desarrollo de una microflora glicolítica.

Esta microflora es predominantemente anaerobia y tiende a colonizar los estratos más profundos del suelo, o sea, la zona en la cual se localiza el aparato radical más potente de la planta.

Las ligninas y las celulosas son, además, las sustancias humíferas por excelencia; hacen posible la formación de los ácidos húmicos y la recuperación del potencial termodinámico de la energía en fase de degradación, repotenciando el contenido calórico y localizando la energía en uniones químicas complejas.

Abonos verdes

El abonado verde constituye otro método de fertilización que practican muchos agricultores con resultados positivos. Consiste, en la práctica, en cultivar determinadas especies herbáceas que luego se entierran en el suelo, con una labor de arado, con bastante anticipación a la época de implantar el cultivo principal. Con este método se consigue una importante aportación de materia orgánica vegetal y, si dominan las especies nitrófilas, una notable aportación nitrogenada. La materia verde se humifica en el suelo y enriquece el substrato de cultivo, proporcionándole un elevado grado de fertilidad.

La práctica del *abonado verde* (es decir, fertilizar enterrando plantas que se han cultivado expresamente para enriquecer el suelo en materia orgánica) es el método más antiguo de cuantos se emplean para fertilizar las tierras, aunque ello no es motivo para que haya dejado de ser actual. Todos los agrónomos coinciden en afirmar que la aportación de materia orgánica es indispensable para mantener la fertilidad del suelo; sin embargo, ¿dónde conseguir en cantidad suficiente esta materia orgánica que el suelo necesita?

Analizando detenidamente la técnica de los abonos verdes, el obstáculo queda inmediatamente superado.

Vamos a suponer que en 1 hectárea de terreno se implanta un cultivo herbáceo para utilizarlo como abono verde, efectuando el cálculo en base al rendimiento medio de un cultivo forrajero común del tipo de un prado formado por distintas especies. El material disponible para ser enterrado (raíces y parte aérea de las plantas) es del orden de 100 toneladas por hectárea.

Este volumen equivale, aproximadamente, al 1 % de las reservas orgánicas del terreno; si a ello sumamos los residuos del cultivo principal (raíces, tallos, etc.), se alcanza una aportación orgánica total que se aproxima al 1,5-1,7 %.

Muchos agricultores discuten la importancia de los abonos verdes argumentando que suponen un incremento de trabajo y de costes. Sin embargo, si se examina atentamente la cuestión, se podrá ver que no es exactamente así, puesto que a pesar del coste adicional que supone cultivar un abono verde, con él se logrará incrementar en un 10 % la producción de maíz, por poner un ejemplo, y el valor en dinero de ese incremento del 10 % superará sin duda el coste adicional que supuso el abono verde; por otro lado, gracias a este se consigue un ahorro del 40 % aproximado en abonos químicos, sin contar con la ventaja de que el suelo mantendrá su fertilidad durante más tiempo.

Es indudable que la práctica del abonado verde puede (y debe) aconsejarse en nuestros días, no sólo por las ventajas directas que comporta sino también porque, en realidad, corresponde a una inexorable ley natural. Los agricultores que pretenden ignorarlo no se dan cuenta de que la naturaleza se desquita: en efecto, por la ley de la biocenosis, un suelo que presenta un déficit en materia orgánica tiende a reconstituir la propia dotación de reservas orgánicas a cualquier precio, unas veces mediante la proliferación de hierbas adventicias, otras veces provocando el encamado del cultivo principal.

Consideraciones finales

En las páginas precedentes hemos expuesto de forma teórica la técnica más completa para la fertilización del suelo y la nutrición vegetal, que consiste en emplear fertilizantes dotados de todos los componentes nutritivos: orgánicos, minerales y biológicos. Es decir, lo que se ha definido en esta obra como *materia orgánica integrada*.

Vale la pena dedicar unas líneas más al tema para precisar qué se entiende por *integración*. Hay un importante motivo para ello: muchos agricultores opinan que el abonado de fondo ha de ser el mineral, con el empleo masivo de abonos químicos; aun cuando reconocen la importancia de la materia orgánica, consideran que esta debe utilizarse solamente para completar el abonado químico-mineral de base.

Nosotros opinamos exactamente lo contrario: el abonado de fondo debe ser el constituido por la sustancia orgánica humificada, rica en ácidos húmicos, microflora y microelementos, integrada o completada con fertilizantes minerales.

En la actualidad sería absurdo ignorar la importancia del concepto de integración en el abonado global, pero también es evidente la necesidad de recurrir al abonado mineral para ajustar la aportación de nutrientes a las exigencias del cultivo.

Empleando solamente abono orgánico en una plantación de maíz, por ejemplo, para satisfacer las necesidades de anhídrido fosfórico de los cultivos habría que aportar cantidades ingentes de estiércol, lo que daría lugar a una grave hipernitrificación y a un exceso de óxido de potasio. Una situación de este tipo originaría un desequilibrio general en el conjunto de reacciones nutricionales de la planta.

Científicamente no se justifica, por lo tanto, la posición de aquellos que rechazan el empleo de abonos químicos en agricultura. Con los estudios realizados ha quedado perfectamente demostrada la necesidad de emplear abonos minerales, precisamente para mejorar la dosificación de los nutrientes. Empleando exclusivamente material orgánico, se corre el riesgo a menudo de no alimentar bastante la planta (desnutrición), de igual modo que abonando solamente con fertilizantes químicos existe el peligro de alimentarla mal (malnutrición). Tanto si la planta está desnutrida como si está malnutrida, las consecuencias son siempre igualmente negativas. Esta constatación confirma una vez más la exactitud de nuestro axioma: *la mejor técnica de fertilización consiste en administrar sustancia orgánica integrada.*

Humus, hortalizas y flores

Doctor Bruno Rosmini (jefe de investigación del Centro de Investigaciones de la Escuela de Horticultura, Floricultura y Fruticultura de Minoprio, Lombardía).

Sectores agrícolas donde se ha demostrado la conveniencia de usar humus de lombriz

La *presencia de materia orgánica* es fundamental en todos los suelos cultivados, pero sobre todo en el caso de los cultivos *hortícolas* y en *floricultura* (viveros de plantas de jardín y de interior).

Un suelo con buenas reservas de humus es un laboratorio activo en el que se desarrollan los procesos de disgregación y transformación de las partículas originarias, es decir, provenientes de la roca madre, de la cual se ha formado el terreno. Efectivamente, la actividad orgánica suministra sustancias como anhídrido carbónico, ácido nítrico, ácido sulfúrico y otros componentes, que provocan diversas reacciones químicas, las cuales transforman el terreno en una inagotable fuente de elementos fertilizantes para el cultivo de las plantas.

Las deyecciones de los animales terrestres proporcionan un humus enormemente activo, que permite mejorar los substratos del suelo. Por esta razón, en los establecimientos hortícolas, y en los dedicados a la floricultura, se obtienen notables ventajas, físicas, químicas y microbiológicas, enriqueciendo con mantillo de lombriz, en proporciones variables según las especies, los substratos normalmente utilizados.

En los cultivos de invernadero y en las camas de trasplante, que son espacios generalmente limitados en los que es preciso obtener producciones elevadas y escogidas para ponerlas a la venta antes o

Cultivo en invernadero

después del producto que se obtiene en pleno campo (precoces y tardíos), el empleo de humus de lombriz, a pesar de que su precio suele ser generalmente elevado, es aconsejable porque el relativo incremento que puede originar en los costes alcanza escasa importancia cuando lo comparamos con los gastos de instalación y mantenimiento de estas explotaciones y con el precio de la energía necesaria para conseguir las temperaturas adecuadas.

En cambio, si se produjera un consumo más generalizado, los precios del compost en relación con los costes de producción serían mucho más reducidos; con un buen planteamiento de los viveros, esto sería posible, especialmente si la obtención de humus de lombriz pudiera efectuarse en establecimientos agropecuarios, con buenas cuadras de ganado.

Aspectos relativos a la experimentación con plantas ornamentales y hortalizas

Se han realizado diversas investigaciones con distintos tipos de humus de lombriz. El Centro de Investigaciones de la Escuela de Horticultura, Floricultura y Fruticultura de Minoprio llevó a cabo una serie de experimentos, financiados por la Regiduría Agrícola de la Región de Lombardía, sobre plantas de flor y plantas hortícolas. Previamente a esta experimentación, se habían efectuado diversas pruebas preliminares empleando mantillo o humus de lombriz en cultivos de geranios, añadiéndolo en proporción del 12,5 % a un substrato especial para floricultura, sin otros complementos de abonado integral.

El compost de lombriz, en estos experimentos, siguiendo las indicaciones del vermicultor, se utilizó como fertilizante completo, teniendo en cuenta la aportación de nitrógeno, anhídrido fosfórico y óxido de potasio.

En dichas condiciones se pudo observar que el humus no llega a determinar un buen desarrollo de las plantas, el cual es posible, en cambio, en un substrato común abonado con complejos ternarios de cesión gradual (Nitrophoska 15.9.15, Triabon 16.10.10,

Los geranios se han utilizado para realizar comprobaciones sobre el humus de lombriz

Osmocote 15.12.15), y también en substratos universales preparados industrialmente (TKS 2, Brill 1, California, etc.).

Así pues, no se puede deducir que el compuesto de lombriz, en el caso del *geranio*, pueda aportar por sí solo sustancias fertilizantes en cantidades suficientes cuando las plantas en rápido crecimiento requieren un volumen importante de nutrientes.

Después de estos resultados iniciales se intentó poner de relieve las cualidades de los mantillos añadiendo abonos convencionales que se administraron a distintas dosis.

El primer ensayo se repitió con el geranio, comparando con plantas abonadas con estiércol empleado en igual cantidad que el humus de lombriz.

Cotejando los resultados, se pudo constatar una pequeña ventaja a favor de algunos compuestos. Se utilizaron tres tipos distintos, dos de los cuales se habían obtenido a partir de un material homogéneo (estiércol de bóvidos y estiércol de conejos), y un tercero para el que se habían utilizado diversos materiales de desecho, además de estiércol de distintas clases.

No se observó diferencia alguna en los resultados, entre el humus obtenido de estiércol bovino y el estiércol bovino mismo, mientras que los otros dos vermicompuestos produjeron, en algunos casos, más desarrollo en altura, mayor número de ramas y una pigmentación más intensa de las hojas, factores que servían para acentuar el valor decorativo de las plantas.

De todas maneras, el geranio es una especie que no logra sacar todo el provecho posible al humus de lombriz, al menos en comparación con otras plantas, puesto que se ha observado, en ensayos posteriores, una diferencia más que notable a favor de las plantas tratadas con este producto.

También en las pruebas realizadas con *lirios* los resultados han sido relativamente modestos. No obstante, se puede constatar un mayor estímulo en la floración en uno de los dos cultivos tratados.

En cambio, se consigue un efecto positivo de cierta importancia con las *rosas enanas (Meillandina)* cultivadas en invernadero, en macetas, realizando un abonado reducido al 50 % con respecto al normal. Considerando las características más importantes de las plantas, desarrollo del tallo y de las ramificaciones, número de hojas y, sobre todo, cantidad de flores, con una dosis relativamente pequeña de vermicompuestos (5 %) se obtienen resultados que de otro modo sólo se pueden conseguir con riegos fertilizantes muy frecuentes. Una vez suprimidos estos, los mantillos industriales también producen resultados mediocres, que en ningún caso superan al *testigo*, o sea, al cultivo abonado normalmente que ha servido de patrón.

Se ha llegado a la conclusión de que las aportaciones de humus de lombriz provocan la liberación gradual de los fertilizantes, limitan las pérdidas por lixivación, favorecen la absorción paulatina, según las exigencias de las plantas, a lo largo de todo el periodo de cultivo (3 meses) y, además, contribuyen a mejorar la mezcla de nutrientes desde el punto de vista físico. Estos experimentos se han llevado a cabo durante los meses invernales. Con las mismas rosas, en el periodo primaveral, añadiendo al substrato el 20 % de humus de lombriz, se ha podido tener una confirmación posterior, obteniendo plantas bien formadas, intensamente pigmentadas y de desarrollo más rápido en comparación con otras muestras, abonadas con estiércol y abonos químicos de cesión lenta. Por lo tanto, para rosas del tipo indicado cultivadas en invernadero, podemos aconsejar perfectamente el mantillo o compuesto de lombriz.

También se han obtenido resultados muy halagüeños con *plantas hortícolas* (tomate, apio, albahaca) mantenidas en cultivos protegidos hasta el trasplante.

En estas condiciones, basta un corto periodo de tiempo, de 30 a 40 días, después de trasplantar del semillero, para obtener plantas bien desarrolladas en los contenedores y aptas para la venta.

Los centros de jardinería tienen humus de lombriz a la venta

Con los compuestos de lombriz se consigue un crecimiento muy rápido, que acorta notablemente el tiempo de cultivo en los invernaderos con calefacción y proporciona importantes ventajas desde el punto de vista económico, teniendo en cuenta la incidencia de los combustibles sobre el coste total.

Para llegar a estas conclusiones se ha observado el desarrollo de las plantas en relación con la altura alcanzada, así como el número y el tamaño de las hojas, registrando los resultados cuando los cultivos abonados con humus de lombriz presentan las condiciones requeridas para la venta.

En los ensayos efectuados con el *tomate*, las plantas se desarrollan en muchos casos hasta *dos veces* más altas que el patrón, y también, en algún caso, que otras muestras obtenidas en substratos enriquecidos con mantillos industriales, utilizados en la misma proporción que el compuesto de gusanos (20 %).

Igualmente se registra una diferencia notable en cuanto al número de hojas, pero solamente con respecto al cultivo patrón. En lo que respecta a su longitud, tanto en los mantillos obtenidos en lechos de estiércol vacuno como en lechos de estiércol de conejo, es más de tres veces mayor.

Con la *albahaca*, los resultados más satisfactorios se obtienen empleando compuestos mixtos; se dobla la altura de las plantas y la longitud del limbo foliar. También se incrementa el número de hojas, aunque en proporción inferior a los aumentos que se producen en altura y longitud. El *apio*, considerando el desarrollo medio alcanzado con substratos abonados con humus de lombriz, comparado con el cultivo de control (testigo), dobla también la longitud de las hojas. En este caso, se ha verificado un efecto análogo al producido por el *mantillo universal*, o sea, válido para cualquier tipo de cultivos (Brill 1). También el número de hojas aumenta sensiblemente.

Con objeto de extender los ensayos a especies de ciclo relativamente largo, se han efectuado pruebas con *plantas ornamentales de interior* como el *Ficus elastica*, la *Aralia siboldii* y el *Philodendron pertusum*. Sin embargo, hay que llegar a la conclusión de que los resultados más notorios se suelen producir con plantas que requieren un estímulo inicial importante, como las especies hortícolas de trasplante.

El empleo de compuestos de lombriz fue estudiado también por Orsini con ocasión de la primera convención nacional sobre el cultivo de lombrices. Según este autor, los ensayos efectuados con distintos compuestos de estiércol y de residuos urbanos sólidos, de desechos orgánicos industriales y de barros de las estaciones depuradoras, han proporcionado casi siempre resultados muy similares, por lo que sería importantísimo extender el campo de experiencias, todas ellas altamente positivas con respecto a los testigos no tratados con humus, a otras especies, además de las que ha ensayado la sociedad SCAN-Agroquímica Cooperativa de Módena, que ha instituido las pruebas.

Dichas pruebas se han efectuado con *melón* y *sandía*, en invernadero frío, lográndose notables incrementos de la producción.

Con plantas de *tomate, pimiento* y *berenjena*, cultivadas en vasitos, con turba enriquecida con mantillo de lombriz o integral, se ha conseguido siempre un desarrollo mayor a favor del tratamiento.

En otra investigación realizada con la *Poinsettia*, utilizando el 20 % de humus de lombriz, se ha podido constatar una notable influencia sobre la altura, el número de hojas y el número de inflorescencias.

Por todo esto, en espera de que los ensayos actualmente en curso y los que todavía quedan por efectuar permitan definir mejor la influencia de los vermicompuestos y establecer las dosis de abonado más apropiadas para conseguir el mejor efecto posible sobre el desarrollo de las distintas especies, las pruebas que brevemente hemos referido proporcionan ya una pequeña orientación tanto en el sector de los floricultores, en los viveros de especies ornamentales, como en el campo de la horticultura, con objeto de poder usar de inmediato estos materiales.

Precisiones y consejos para el uso de los compuestos de lombriz

Los compuestos de lombriz presentan aspectos muy distintos de los demás mantillos que se encuentran en el comercio, y cuando se emplean sin integrar otros fertilizantes, a la proporción que se utilizan normalmente (10-20 %), no pueden sustituir por completo al abonado normal, aunque permiten limitarlo. Por otra parte, emplearlos en dosis más elevadas ya no resultaría rentable.

Son substratos enriquecidos que con el tiempo podrán hallar aplicaciones específicas entre los mantillos que se emplean normalmente, al menos para aquellos cultivos, como los que se desarrollan en invernadero, en los que se trata de obtener el máximo rendimiento en breve tiempo.

En las mezclas proporcionan una aportación muy interesante, completando las propiedades de la materia orgánica y enriqueciéndola con la presencia de elementos fertilizantes indispensables en trazas (microelementos), inmediatamente utilizables por las plantas.

La función que desempeñan es muy importante: limitan la pérdida de compuestos nitrogenados y de otros principios fácilmente dispensables por lixiviación, permitiendo un flujo constante de sustancias necesarias para el crecimiento, que constituye una reserva de fertilidad a disposición permanente de las plantas.

Los mantillos de lombriz son de color oscuro, y su olor es agradable. Están constituidos por finas partículas, sin grumos, como los mejores mantillos universales, con los cuales se pueden mezclar perfectamente.

Utilizados para formar el substrato de cultivo, teniendo en cuenta que no se puede pedir lo imposible a ningún fertilizante, en todas las pruebas efectuadas han dado resultados positivos. No obstante, hay que seguir abonando aunque, como se ha dicho, se pueden reducir las cantidades. Son fácilmente manipulables y no presentan problemas de fitotoxicidad, por lo que pueden ser utilizados por personas inexpertas para las plantas de interior que se cultivan en casa.

Esto último se debe a que, según los análisis, la salinidad total encaja, al menos en los compuestos obtenidos con estiércol y desechos agrícolas, dentro de los límites admisibles por las plantas, aunque el material se encuentre próximo a estas e incluso en contacto con las raíces. A pesar de ello, los valores que expresan el contenido en nitrógeno, anhídrido fosfórico y óxido de potasio alcanzan cierto relieve.

Su influencia sobre el pH de los substratos de cultivo, con los cuales se mezclan, es más bien escasa (los mantillos obtenidos en lechos de estiércol de conejo y de bóvidos presentan un pH con valores ligeramente superiores a 6).

Comparado con los efectos del estiércol en los cultivos, el resultado sobre el desarrollo de las plantas ha sido casi siempre positivo para los mantillos de lombriz. Su empleo es ventajoso, teniendo en cuenta la facilidad de aplicación y la rapidez del efecto, con respecto a los abonos orgánicos malolientes, que requieren una transformación, la cual ya se ha realizado en los compuestos de lombriz.

A pesar de que se va extendiendo su uso, la utilización de estos productos sigue siendo muy limitada, en parte debido a una mala publicidad, que no facilita indicaciones precisas y completas para su empleo. Cabe esperar que se irá extendiendo con rapidez, en especial para las *plantas de vivero*, que presentan bastantes exigencias, por lo general, en cuanto al substrato de cultivo, sobre todo cuando se realiza en contenedores siguiendo las técnicas más recientes, que se basan en los substratos artificiales, los cuales adolecen de graves limitaciones debido, sobre todo, a la ausencia de una microflora útil, que, en cambio, es muy abundante en los vermicompuestos. Añadidos a los substratos naturales esterilizados, las mejoras son importantes desde el punto de vista microbiológico.

Al no observarse contraindicaciones en ningún caso, cabe suponer que los daños que puedan derivar de la preparación de mezclas

Cualquier jardín privado se beneficia de los efectos del humus en el suelo

enriquecidas son muy limitados; hay que tener en cuenta que estas mezclas no siempre se ajustan a las exigencias de las distintas especies, las cuales, además, permanecen durante varios años en contenedores o en recipientes diversos.

Empleando en estos casos el compuesto de lombriz se pueden rebajar los riegos fertilizantes, y las plantas aprovechan mejor los abonos distribuidos en cobertera.

Además de las aplicaciones descritas en invernaderos y viveros, es previsible que pronto se emplearán en los jardines urbanos, en toda clase de terrenos deportivos, parterres, etc. Con el compuesto, es más fácil conseguir una distribución homogénea, sin los inconvenientes que acarrea el empleo de materia fecal y de purinas.

Una reducción en el precio ayudaría a generalizar su uso en los sectores que hemos indicado y a extenderlo a las *plantas de fruto de producción selecta*, muy exigentes, cuando existan dificultades con el estiércol.

Se trata de posibilidades que hay que ir estudiando caso por caso, mediante pruebas y ensayos de amplio alcance que han de abarcar asimismo los compuestos obtenidos de materiales de bajo precio o carentes de valor, como ocurre con los residuos urbanos y los residuos orgánicos industriales. Con ello, además, quedaría resuelto del mejor modo posible el grave problema que plantea la contaminación, sin tener que desperdiciar una serie de sustancias útiles para la agricultura que actualmente no se aprovechan a causa de la incineración.

Precisamente por ello, ya de entrada se ha pensado en la *transformación de basuras*, de las que se retiran los materiales que no son biodegradables (plásticos, metales, vidrios, etc.), y en la reconversión de desechos de las industrias agrarias y de otros sectores ligados a la agricultura. Sin embargo, ante los eventuales productos tóxicos que pueden estar presentes en los compuestos de gusanos, la prudencia es fundamental.

Así, cabría denunciar la presencia de metales pesados y de patógenos en cantidades preocupantes, aunque cabe suponer que en el proceso de transformación estos últimos se reducen en gran parte.

Ante este riesgo evidente, es aconsejable limitar el uso a las plantas ornamentales, en tanto que los mantillos obtenidos del estiércol o de materias vegetales, que obviamente no entrañan ningún peligro para el hombre, pueden servir para cualquier tipo de aplicaciones.

En el sector de los residuos se observa ya cierto progreso, pero el campo de aplicaciones de los compuestos de lombriz tendría que ser más ambicioso y proponerse objetivos que, sin duda, serían de gran interés para la agricultura; es decir, habría que dejar de limitarse exclusivamente a los objetivos estrictamente ecológicos.

Made in the USA
Coppell, TX
25 September 2026

90998259R00079